"十二五"职业教育规化教材

AutoCAD 计算机辅助设计模块教程

主　编　闫旭辉

副主编　黄　磊

参　编　韩志忠　杨小刚　郭春洁　宋　慧

主　审　张存祥

电子工业出版社

Publishing House of Electronics Industry

北京·BEIJING

内 容 简 介

本书以 AutoCAD 2012 中文版为软件基础，采用"任务驱动式"的模块教学法，通过典型实例，循序渐进地介绍使用 AutoCAD 进行绘图的方法和技巧，重点培养学生绘图的技能，提高解决实际问题的能力。

全书共分九个模块，每个模块有若干任务，任务后安排相应实例供作业、实训使用，模块后还配有综合拓展技能实训。全书紧紧围绕高等职业院校的培养目标，注重实训，可操作性强。AutoCAD 2004 以上各版本软件在软件经典工作空间均可使用本书学习操作。

本书可作为高职高专及高等工科院校机电类、工业设计类等相关专业计算机绘图课程的教学用书，也可供广大工程技术人员参考。

图书在版编目（CIP）数据

AutoCAD 计算机辅助设计模块教程 / 闫旭辉主编.—北京：电子工业出版社，2013.5

"十二五"职业教育规划教材

ISBN 978-7-121-20108-0

Ⅰ．①A… Ⅱ．①闫… Ⅲ．①计算机辅助设计－AutoCAD 软件－职业教育－教材 Ⅳ．①TP391.72

中国版本图书馆 CIP 数据核字（2013）第 068030 号

策划编辑：许存权

责任编辑：刘 凡

印　　刷：北京虎彩文化传播有限公司

装　　订：北京虎彩文化传播有限公司

出版发行：电子工业出版社

　　　　　北京市海淀区万寿路 173 信箱　邮编　100036

开　　本：787×1 092　1/16　印张：12　字数：308 千字

版　　次：2013 年 5 月第 1 版

印　　次：2021 年 8 月第 5 次印刷

定　　价：29.00 元

凡所购买电子工业出版社图书有缺损问题，请向购买书店调换。若书店售缺，请与本社发行部联系，联系及邮购电话：(010) 88254888，88258888。

质量投诉请发邮件至 zlts@phei.com.cn，盗版侵权举报请发邮件至 dbqq@phei.com.cn。

本书咨询联系方式：(010) 88254484，xucq@phei.com.cn。

　　AutoCAD 是由美国 Autodesk 公司开发的计算机辅助绘图和设计应用软件，它具有易于掌握、使用方便、体系结构开放等优点。AutoCAD 不仅在工程设计领域得到了大规模的应用，而且在地理、气象、航海等特殊图形绘制，甚至在灯光、幻灯和广告等其他领域也得到了广泛的应用，目前已成为计算机 CAD 系统中应用最广泛的图形软件之一。

　　为适应现代职业教育特点和未来岗位的要求，高职的实践课程应占总学时的二分之一以上，理论课程的建构服从并服务于岗位工作的需要。因此，本教材的编写彻底打破了以传统教学理论为主实践为辅的体系。坚持以能力为导向，围绕本专业核心能力的培养，构建理论引导实践为主的模块化课程体系。

　　本书编者全部是高等职业院校的教师，从事 AutoCAD 教学工作多年，积累了较丰富的 AutoCAD 教学和使用经验。本书编写的主要思想是针对培养高职学生"理论够用、突出技能"的要求，在内容上注重避繁就简，强调实用，突出可操作性。在编排的过程中采用模块化教学，一个大模块解决一个大问题；每个大模块中都有若干任务，一个任务也是一个小模块，一般由理论指导、技能训练、技能实践三部分组成。要求每次的多媒体授课均以理论精讲开课，围绕如何完成技能训练中的图形展开教学，最后以学生的技能实践来巩固所学知识。每节后的技能实践和大模块后的拓展技能实训紧扣前面所学知识，不断重复使用学过的命令和知识，以帮助学生加深对理论内容的理解和掌握。

　　本教材主要有以下特点：

　　（1）工作空间以 AutoCAD 2012 经典空间为工作界面，兼顾 2010 之前版本的使用习惯。

　　（2）叙述简洁明了、循序渐进，初学者通过实例的操作很容易掌握软件的使用方法，通过系统学习，独立完成绘图任务的能力可得到有效提高。

　　（3）对软件进行的各种设置具有很强的针对性和实用性，书中的图例以机械图样为主。

　　（4）配有大量习题，既可作为教材，也可作为实训及上机指导书。

　　（5）图样上的粗糙度及其他标注兼顾了新旧国家标准，适应新旧标准过渡期的要求，让学生都有所了解。

　　二维绘图是 AutoCAD 功能最强大且最常用的部分，因此本书不包括三维绘图部分。如无特别说明或标注，书中默认单位为毫米（mm）。

　　本教材由闫旭辉主编。参加编写的有黄磊（模块 1、模块 6）、闫旭辉（模块 1 的 1.3、模块 2、模块 4、模块 5 的 5.4）、韩志忠（模块 3）、宋慧（模块 5）、郭春洁（模块 7、模块 9）、杨小刚（模块 8）。全书由闫旭辉统稿，张存祥主审。本教材在编写过程中引用了一些图形和资料，在此谨向有关单位、作者表示感谢。感谢临汾职业技术学院、北京现代职业技术学院、河北机车技师学院、重庆机械技师学院、山东烟台南山学院、菁华锐航科技有限公司、广西二轻技工学校。同时感谢何煜琛、沈洪、郭浩泽等老师的支持。

　　尽管我们在探索教材特色建设的突破方面做了很多努力，但是由于作者水平有限，书中内容难免有不足之外，恳请读者提出宝贵意见与建议，以便今后继续改进。

编　　者

目录

模块 9　图形输出

附录 A　CAD/CAM 认证训练

参考文献

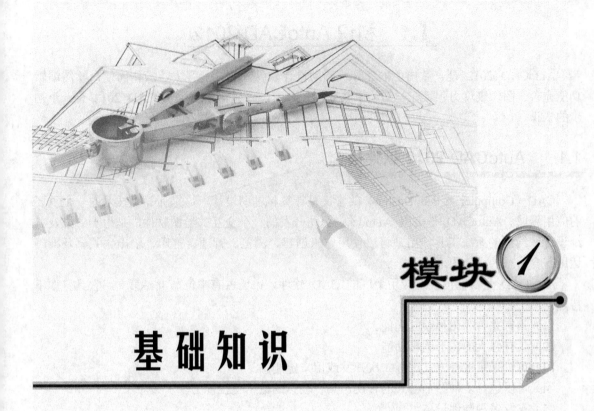

模块 ①

基 础 知 识

目标任务

➢ 了解 AutoCAD 的概念、发展历程。

➢ 掌握 AutoCAD 2012 的安装、启动和退出等。

➢ 熟悉用户界面及各功能区的作用。

➢ 掌握文件管理的基本操作。

➢ 熟悉绘图基本操作。

1.1 初识 AutoCAD 2012

AutoCAD 2012 是一款出色的计算机辅助设计软件，它功能强大、操作简便，绘图编辑功能完善、图像表现力强。在学习绘制具体图形之前，首先需要对 AutoCAD 2012 有一个初步的认识。

1.1.1 AutoCAD 2012 软件简介

CAD（Computer Aided Design）的含义是计算机辅助设计，这是计算机技术的一个重要的应用领域。AutoCAD 是美国 Autodesk 公司开发的一个交互式绘图软件，是用于二维及三维设计、绘图的系统工具，用户可以使用它来创建、浏览、管理、打印、输出、共享及准确运用富含信息的设计图形。

AutoCAD 是目前世界上应用最广的 CAD 软件，市场占有率位居世界第一。它具有如下特点：

（1）具有完善的图形绘制功能。

（2）具有强大的图形编辑功能。

（3）可以采用多种方式进行二次开发或用户定制。

（4）可以进行多种图形格式的转换，具有较强的数据交换能力。

（5）支持多种硬件设备。

（6）支持多种操作平台。

（7）具有通用性、易用性，适用于各类用户。

此外，从 AutoCAD 2000 开始，该系统又增添了许多强大的功能，如 AutoCAD 设计中心（ADC）、多文档设计环境（MDE）、Internet 驱动、新的对象捕捉功能、增强的标注功能，以及局部打开和局部加载的功能，从而使 AutoCAD 系统更加完善。

虽然 AutoCAD 本身的功能集已经足以协助用户完成各种设计工作，但用户还可以通过 Autodesk 以及数千家软件开发商开发的 5000 多种应用软件把 AutoCAD 改造成满足各专业领域的专用设计工具。这些领域中包括建筑、机械、测绘、电子及航空航天等。

Autodesk 公司成立于 1982 年 1 月，在 20 多年的发展历程中，该企业不断丰富和完善 AutoCAD 系统，并连续推出各个新版本（详见表 1-1），使 AutoCAD 由一个功能非常有限的绘图软件发展到了现在功能强大、性能稳定、市场占有率位居世界第一的 CAD 系统，在城市规划、建筑、测绘、机械、电子、造船、汽车等许多行业得到了广泛的应用。统计资料表明，目前世界上有 75%的设计部门、数百万的用户应用此软件，大约有 50 万套 AutoCAD 软件安装在各企业中运行。

表 1-1　AutoCAD 的发展历程

发 布 日 期	版 本 信 息
1982 年 10 月	AutoCAD 1.0 版
1983 年 1 月	AutoCAD 1.1 版

续表

发 布 日 期	版 本 信 息
1984 年 11 月	AutoCAD 2.01 版
1985 年 5 月	AutoCAD 2.17 版
1985 年 11 月	AutoCAD 2.18 版
1986 年 6 月	AutoCAD 2.5 版
1987 年 5 月	AutoCAD 2.62 版
1987 年 9 月	AutoCAD 9.0 版
1988 年 10 月	AutoCAD 10.0 版
1991 年 4 月	AutoCAD 11.0 版
1992 年 6 月	AutoCAD 12.0 版
1994 年 11 月	AutoCAD 13.0 版
1997 年 6 月	AutoCAD 14.0 版
1999 年 3 月	AutoCAD 2000 版
2000 年 9 月	AutoCAD 2001 版
2001 年 6 月	AutoCAD 2002 版
2003 年 6 月	AutoCAD 2004 版
2004 年 6 月	AutoCAD 2005 版
2005 年 6 月	AutoCAD 2006 版
2006 年 6 月	AutoCAD 2007 版
2007 年 6 月	AutoCAD 2008 版
2008 年 6 月	AutoCAD 2009 版
2009 年 6 月	AutoCAD 2010 版
2010 年 6 月	AutoCAD 2011 版
2011 年 6 月	AutoCAD 2012 版

AutoCAD 2012 具备以下一些基本功能。

（1）平面绘图：能以多种方式创建直线、圆、椭圆、多边形、样条曲线等基本图形对象。

（2）绘图辅助工具：AutoCAD 提供了正交、对象捕捉、极轴追踪、捕捉追踪等绘图辅助工具。正交功能使用户可以很方便地绘制水平、竖直直线，对象捕捉功能可帮助拾取几何对象上的特殊点，而追踪功能使画斜线及沿不同方向定位点变得更加容易。

（3）二维绘图与编辑：AutoCAD 具有强大的编辑功能，可以移动、复制、旋转、阵列、拉伸、延长、修剪、缩放对象等。

（4）标注尺寸：AutoCAD 可以创建多种类型尺寸，标注外观可以自行设定。

（5）书写文字：能轻易在图形的任何位置、沿任何方向书写文字，可设定文字字体、倾斜角度及宽度缩放比例等属性。

（6）图层管理功能：图形对象都位于某一图层上，可设定图层颜色、线型、线宽等特性。

（7）三维绘图与编辑：AutoCAD 可创建 3D 实体及表面模型，能对实体本身进行编辑。

（8）网络功能：AutoCAD 可将图形在网络上发布，或是通过网络访问 AutoCAD 资源。

（9）数据交换：AutoCAD 提供了多种图形图像数据交换格式及相应命令。

（10）二次开发：AutoCAD 允许用户定制菜单和工具栏，并能利用内嵌语言 Autolisp、Visual Lisp、VBA、ADS、ARX 等进行二次开发。

AutoCAD 2012 除了在图形处理等方面的功能有所增强外，一个最显著的特征是增加了参数化绘图功能。用户可以对图形对象建立几何约束，以保证图形对象之间有准确的位置关系，如平行、垂直、相切、同心、对称等关系；可以建立尺寸约束，通过该约束，既可以锁定对象，使其大小保持固定，也可以通过修改尺寸值来改变所约束对象的大小。

AutoCAD 2012 广泛应用于土木建筑、装饰装潢、城市规划、园林设计、电子电路、机械设计、服装鞋帽、航空航天、轻工化工等诸多领域。

1.1.2　安装、启动与退出

安装 AutoCAD 2012 时，AutoCAD 2012 软件以光盘形式提供，光盘中有名为 SETUP.EXE 的安装文件。执行 SETUP.EXE 文件，根据弹出的窗口选择、操作即可。

安装好 AutoCAD 2012 后，系统会自动在 Windows 桌面上生成对应的快捷方式。双击该快捷方式，即可启动 AutoCAD 2012。与启动其他应用程序一样，也可以通过 Windows 资源管理器、Windows 任务栏按钮等启动 AutoCAD 2012。

用户可以采用以下几种方式之一退出 AutoCAD 2012：

（1）直接单击 AutoCAD 主窗口右上角的 ⊠ 按钮。

（2）选择菜单命令"File（文件）"→"Exit（退出）"。

（3）在命令行中输入：Quit（或 Exit）。

如果在退出 AutoCAD 时，当前的图形文件没有被保存，则系统将弹出提示对话框，提示用户在退出 AutoCAD 前保存或放弃对图形所做的修改。

1.2　用户界面及文件管理

AutoCAD 的用户界面是由分组组织的菜单、工具栏、选项板和功能区控制面板组成的集合，使用户可以在专门的、面向任务的绘图环境中工作。

1.2.1　用户界面

AutoCAD 2012 为用户提供了 4 种工作界面，分别是"草图与注释"、"三维基础"、"三维建模"和"AutoCAD 经典"。其中"AutoCAD 经典"实用、方便，本书将采用该界面进行讲解。

AutoCAD 2012 的经典工作界面由标题栏、菜单栏、各种工具栏、绘图窗口、光标、命令窗口、状态栏、坐标系图标、模型/布局选项卡和菜单浏览器等组成，如图 1-1 所示。

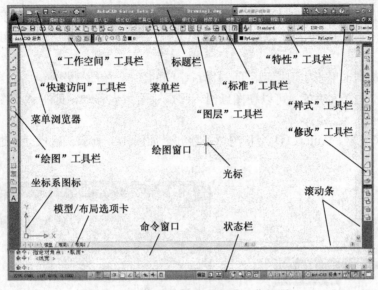

图 1-1　AutoCAD 2012 的经典工作界面

标题栏与其他 Windows 应用程序类似，用于显示 AutoCAD 2012 的程序图标以及当前所操作图形文件的名称。

菜单栏是主菜单，可利用其执行 AutoCAD 2012 的大部分命令。单击菜单栏中的某一项，会弹出相应的下拉菜单。图 1-2 所示为"视图"下拉菜单。

在下拉菜单中，右侧有小三角的菜单项，表示它还有子菜单。图 1-2 显示出了"缩放"子菜单，右侧有三个小点的菜单项，表示单击该菜单项后要显示出一个对话框；右侧没有内容的菜单项，单击后会执行对应的 AutoCAD 命令。

AutoCAD 2012 提供了 40 多个工具栏，每个工具栏上均有一些形象化的按钮。单击某一按钮，就可以启动 AutoCAD 的对应命令。

用户可以根据需要打开或关闭任意一个工具栏。方法是：在已有工具栏上右击，会弹出工具栏快捷菜单，通过其可以实现工具栏的打开与关闭。

此外，通过选择与下拉菜单"工具"→"工具栏"→"AutoCAD"对应的子菜单命令，也可以打开 AutoCAD 的各工具栏。

绘图窗口类似于手工绘图时的图纸，是用户用 AutoCAD 2012 绘图并显示所绘图形的区域。

当光标位于 AutoCAD 的绘图窗口时为十字形状，所以又称为十字光标。十字线的交点为光标的当前位置。AutoCAD 的光标用于绘图、选择对象等操作。

坐标系图标通常位于绘图窗口的左下角，表示当前绘图所使用的坐标系的形式及坐标方向等。AutoCAD 提供有世界坐标系（World Coordinate System,WCS）和用户坐标系（User Coordinate System,UCS）两种坐标系。世界坐标系为默认坐标系。

命令窗口是 AutoCAD 显示用户从键盘输入的命令和显示 AutoCAD 提示信息的地方。默认时，AutoCAD 在命令窗口保留最后三行所执行的命令或提示信息。用户可以通过拖动窗口边框的方式改变命令窗口的大小，使其显示多于 3 行或少于 3 行的信息。

状态栏用于显示或设置当前的绘图状态。状态栏上位于左侧的一组数字反映当前光标的坐标，其余按钮从左到右分别表示当前是否启用了捕捉模式、栅格显示、正交模式、极轴追踪、对象捕捉、对象捕捉追踪、动态 UCS、动态输入等功能，以及是否显示线宽、当前的绘图空间等信息。

模型/布局选项卡用于实现模型空间与图纸空间的切换。

利用水平和垂直滚动条，可以使图纸沿水平或垂直方向移动，即平移绘图窗口中显示的内容。

单击菜单浏览器，AutoCAD 会将浏览器展开，如图 1-3 所示。用户可通过菜单浏览器执行相应的操作。

图 1-2 "视图"下拉菜单

图 1-3 菜单浏览器

1.2.2 文件管理

单击"标准"工具栏上的 "新建"按钮，或选择"文件"→"新建"命令，即执行 NEW 命令，AutoCAD 弹出"选择样板"对话框，如图 1-4 所示。

通过此对话框选择对应的样板后（初学者一般选择样板文件 acadiso.dwt 即可），单击"打开"按钮，就会以对应的样板为模板建立一新图形。

单击"标准"工具栏上的 "打开"按钮，或选择"文件"→"打开"命令，即执行 Open 命令，AutoCAD 弹出与前面的图类似的"选择文件"对话框，可通过此对话框确定要打开的文件并打开它。

图1-4 "选择样板"对话框

单击"标准"工具栏上的 ☐ "保存"按钮，或选择"文件"→"保存"命令，即执行 Qsave 命令，如果当前图形没有命名保存过，AutoCAD 会弹出"图形另存为"对话框。通过该对话框指定文件的保存位置及名称后，单击"保存"按钮，即可实现保存。

如果执行 Qsave 命令前已对当前绘制的图形命名保存过，那么执行 Qsave 命令后，AutoCAD 直接以原文件名保存图形，不要求用户指定文件的保存位置和文件名。

换名存盘指将当前绘制的图形以新文件名存盘。执行 Save As 命令，AutoCAD 弹出"图形另存为"对话框，要求用户确定文件的保存位置及文件名，用户响应即可。

1.3　基本操作

在 AutoCAD 中，有一些基本的输入操作方法，这些基本方法是进行 AutoCAD 绘图的必备知识，也是深入学习 AutoCAD 功能的前提。

1.3.1　命令的输入

AutoCAD 是用户和计算机交互绘图，必须输入必要的指令和参数。AutoCAD 命令的输入方式常用的有以下几种。

1．命令行输入法

在命令提示区出现"命令："提示符时，用键盘输入命令名后回车，执行该命令。

AutoCAD 的命令有 300 多个。利用键盘输入命令，可输入命令名或简捷命令，如输入画圆命令可输入"Circle"或"C"，输入字符不需要区分大小写，如绘制直线时，可输入"LINE"，也可输入"line"。

执行命令时，在命令窗口提示中经常会出现多重命令选项，如画圆命令：

命令：_circle 指定圆的圆心或 [三点(3P)/两点(2P)/切点、切点、半径(T)]: 2p

指定圆直径的第一个端点：（在屏幕上指定端点或输入端点的坐标）

指定圆直径的第二个端点：（在屏幕上指定端点或输入端点的坐标）

选项中不带括号的提示为默认选项，因此可以直接输入圆心的坐标或在屏幕上指定一点，如果要选择其他选项，则应该首先输入该选项的标识字符。例如"两点"画圆选项的标识字符是"2P"，输入"2P"回车后按照系统提示输入数据即可。

在命令选项的后面有时候还带尖括号，尖括号内的数值为默认数值。例如下面的操作，在提示"指定圆的半径或 [直径(D)] <80.0000>:"后，直接回车即可画出半径为 80 的圆。

命令：_circle 指定圆的圆心或 [三点(3P)/两点(2P)/切点、切点、半径(T)]:（在屏幕上指定圆心或输入圆心的坐标）

指定圆的半径或 [直径(D)] <80.0000>:

2．菜单输入法

移动鼠标，将光标移至菜单栏的某一菜单上，单击鼠标左键，即可打开菜单，弹出下拉菜单。移动光标至下拉菜单某一子菜单上单击，执行相应命令。

除键盘外，鼠标是最常用的输入工具，灵活地使用鼠标，对提高画图、编辑速度起着至关重要的作用。在 AutoCAD 中鼠标的左右两个键有特定的功能。左键代表选择，用于选择目标、拾取点、选择菜单命令选项和工具按钮等；右键代表确定，相当于回车键，用于结束当前的操作。

3．工具输入法

在工具栏中，用光标单击图标按钮，即可执行该命令。

选择菜单栏或单击工具栏的方式，在命令行窗口中都可以看到对应的命令名及有关操作提示，命令的执行过程和结果与命令行方式相同，但与键盘输入方式不同的是在显示命令名前有一下画线。

4．命令重复

在命令输入过程中，当完成一个命令的操作后，接着在命令提示符后，按空格键或回车键，就可以重复刚刚执行的命令。

表 1-2 列出了用于创建和编辑平面图形的一些常用命令，以供初学者熟悉。

表 1-2　二维图形创建与编辑命令（常用）一览表

序　号	命 令 名 称	命 令 输 入	按　钮	菜 单 命 令	说　　明
1	直线	Line	╱	"绘图"→"直线"	创建直线段
2	构造线	Xline	╱	"绘图"→"构造线"	创建向两侧无限延伸的线
3	射线	Ray	╱	"绘图"→" 射线"	创建向一侧无限延伸的线

续表

序　号	命令名称	命令输入	按　钮	菜单命令	说　明
4	圆	Circle		"绘图"→"圆"	创建圆
5	圆弧	Arc		"绘图"→"圆弧"	创建圆弧
6	矩形	Rectang		"绘图"→"矩形"	创建矩形
7	正多边形	Polygon		"绘图"→"正多边形"	创建正多边形
8	多段线	Pline		"绘图"→"多段线"	创建由直线或圆弧组成的逐段相连的整体线段
9	点	Point		"绘图"→"点"	创建点对象
10	椭圆	Ellipse		"绘图"→"椭圆"	创建椭圆
11	椭圆弧	Ellipse		"绘图"→"椭圆"→"圆弧"	创建椭圆弧
12	样条曲线	Spline		"绘图"→"样条曲线"	创建通过或接近点的平滑曲线
13	多线	Mline		"绘图"→"多线"	创建多条平行线
14	修订云线	Revcloud		"绘图"→"修订云线"	创建或将闭合对象转换为修订云线
15	面域	Region		"绘图"→"面域"	将封闭区域对象转换为面域
16	圆环	Donut		"绘图"→"圆环"	创建圆环
17	图案填充	Hatch		"绘图"→"图案填充"	用选定图案对选定对象填充
18	渐变色	Gradient		"绘图"→"渐变色"	对选定对象进行渐变填充
19	多行文字	Mtext		"绘图"→"文字"	创建文字对象
20	表格	Table		"绘图"→"表格…"	创建表格
21	删除	Erase		"修改"→"删除"	多图形中删除对象
22	复制	Copy		"修改"→"复制"	将对象复制到指定方向上指定距离处
23	镜像	Mirror		"修改"→"镜像"	创建指定对象的镜像副本
24	偏移	Offset		"修改"→"偏移"	创建平行线或等距曲线
25	阵列	Arrayrect Arraypath Arraypolar		"修改"→"矩形阵列" "修改"→"路径阵列" "修改"→"环形阵列"	创建按指定方式排列的多个对象副本
26	移动	Move		"修改"→"移动"	将对象在指定方向上移动指定距离
27	旋转	Rotate		"修改"→"旋转"	绕基点旋转对象

序　号	命令名称	命令输入	按　　钮	菜单命令	说　　明
28	缩放	Scale		"修改"→"缩放"	放大或缩小选定对象，缩放后保持对象比例不变
29	拉伸	Stretch		"修改"→"拉伸"	通过窗选或多边形框选的方式拉伸对象
30	修剪	Trim		"修改"→"修剪"	修剪对象以适合其他对象的边
31	延伸	Extend		"修改"→"延伸"	延伸对象以适合其他对象的边
32	打断	Break		"修改"→"打断"	在两点之间打断选定的对象
33	合并	Jion		"修改"→"合并"	合并相似对象以形成一个完整的对象
34	倒角	Chamfer		"修改"→"倒角"	给对象添加倒角
35	圆角	Fillet		"修改"→"圆角"	给对象添加圆角
36	光顺曲线	Blend		"修改"→"光顺曲线"	在两条开放曲线的端点之间创建相切或平滑的样条曲线
37	分解	Explode		"修改"→"分解"	将复合对象分解为其部件对象

1.3.2　命令的终止、撤销、重做

1．命令的终止

在执行命令的过程中，如果有需要，随时可以终止并退出命令的执行。

（1）按回车键、空格键或 Esc 键。

（2）在绘图区单击鼠标右键，打开快捷菜单，选择"取消"选项。

（3）在下拉菜单或工具栏调用另一命令。

2．命令的撤销

在完成操作中，如果出现错误，可撤销前面执行过的命令。

（1）选择菜单栏的"编辑"→"放弃"选项。

（2）单击"标准"工具栏的 ↶▾ 按钮。

以上操作连续使用，或逐次撤销前面执行的命令。

（3）在命令行输入"Undo"命令，再输入要放弃的命令的数目，可一次撤销前面执行的多个命令。如要撤销最后的五个命令，可进行如下操作：

命令: Undo

当前设置: 自动 = 开, 控制 = 全部, 合并 = 是, 图层 = 是

输入要放弃的操作数目或 [自动(A)/控制(C)/开始(BE)/结束(E)/标记(M)/后退(B)] <1>: 5

实时平移　GROUP RECTANG GROUP GROUP　圆　圆　GROUP　圆　GROUP

（4）单击标准工具栏 ⬸· 按钮右边的下拉箭头，可以在下拉列表中选择要放弃的操作。

注："放弃"命令不能撤销对硬件设备发布读/写数据的命令，如"保存"、"打开"、"新建"等。

3．命令的重做

已被撤销的命令还可以恢复重做。

（1）选择菜单的"编辑"→"重做"。

（2）在命令行输入"Redo"命令。

（3）单击"标准"工具栏的 ⬿· 按钮。

"重做"命令恢复的是最后撤销的一个命令。由于"放弃"命令的执行是依次进行的，所以"重做"命令也可以依次恢复被撤销的命令。

（4）单击标准工具栏 ⬿· 按钮右边的下拉箭头，可以在下拉列表中选择要重做的操作。

1.3.3　选择、删除操作

1．选择对象

选择对象是进行图形编辑的前提。在编辑复杂图形时，往往需要同时对多个实体进行编辑，设置适当的对象选择方式，对于快速、准确地确定编辑对象起着重要的作用。

1）用拾取框直接选择对象

这是默认的选择对象的方式，执行编辑后，命令行提示选择对象，将拾取框移至要编辑的目标对象上单击，即可选中对象。用拾取框每次只能选取一个对象，重复操作，可依次选取多个对象。被选中的对象以虚线呈高亮显示，以区别于其他图形。

2）用矩形框选择对象

用由两个对角点确定的矩形选择框选取多个对象。矩形选择框有窗口和交叉两种方式。

（1）窗口选择（W）：从左向右拖动光标指定一对对角点，完全位于矩形区域中的对象被选择，如图 1-5 所示。

（2）交叉选择（C）：从右向左拖动光标指定一对对角点，矩形窗口包围的或相交的对象被选择，如图 1-6 所示。

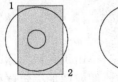
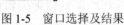
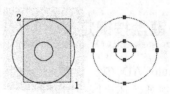

图 1-5　窗口选择及结果　　　　　　图 1-6　交叉选择及结果

2．删除

该命令用于删除绘制不符合要求的图形或不小心画错的图形。

执行"删除"命令，命令行提示：

命令：_erase

选择对象：（选择要删除的对象）

…

选择对象：↓（回车键结束选择，执行删除命令，所选对象被删除）

选择对象时可以使用前面介绍的选择对象的方法。当选择多个对象时，多个对象都被删除；若选择的对象属于某个对象组，则该组所有对象都将被删除。

删除也可在选定对象后按 Delete 键进行删除。

如果不小心删除了有用的图形，单击"标准"工具栏上的↶按钮恢复命令或放弃命令恢复删除对象。

1.3.4　透明命令

在 AutoCAD 中有些命令可以在其他命令的执行过程中插入并执行，待该命令执行完毕后，系统继续执行原命令，这种命令称为"透明"命令。"透明"命令多为修改图形设置或绘图辅助工具等命令，如栅格（Grid）、对象捕捉（Osnap）、缩放（Zoom）等。

在命令行输入透明命令应在命令名前先输入一个单引号"'"，透明命令的提示信息前有一个双折号">>"。例如：

命令：_line 指定第一点：　　　　　　（用光标在屏幕上指定一点为直线的起点）

指定下一点或 [放弃(U)]：　　　　　　（用光标在屏幕上指定第二点）

指定下一点或 [闭合(C)/放弃(U)]：'_zoom　　（输入"透明缩放"命令Zoom）

>>指定窗口的角点，输入比例因子 (nX 或 nXP)，或者

[全部(A)/中心(C)/动态(D)/范围(E)/上一个(P)/比例(S)/窗口(W)/对象(O)] <实时>：_w

>>指定第一个角点：　　　　　　　　（指定一点为第一个角点）

>>指定对角点：　　　　　　　　　　（指定一点为第二个角点）

正在恢复执行 Line 命令。

指定下一点或 [闭合(C)/放弃(U)]：　　　　（继续执行直线命令）

1.3.5　键盘按键定义

在 AutoCAD 中，命令的输入除了可以通过在命令行输入、单击工具栏图标或选择菜单选项来实现外，还可以使用键盘上的一组功能键和组合键。在绘图或图形编辑过程中，经常需要改变系统的某些工作方式，如打开或关闭正交模式、对象捕捉功能等。AutoCAD 对一些常用的绘图状态设置命令提供了功能键和组合键盘，为方便操作，用户可以在任何时候，包

括在命令执行过程中使用这些键，快速实现指定功能。例如按 F1 键，系统打开 AutoCAD 帮助对话框。为了提高绘图速度，可记住一些常用的功能键和组合键。

下面列出 AutoCAD 常用的功能键和组合键。

1. 常用功能键

F1——系统帮助。

F2——打开、关闭文本窗口。

F3——打开、关闭对象捕捉功能。

F4——打开、关闭三维对象捕捉。

F5——等轴测捕捉的各方向轮换功能。

F6——打开、关闭动态 UCS。

F7——打开、关闭栅格。

F8——打开、关闭正交模式。

F9 ——打开、关闭捕捉模式。

F10 ——打开、关闭极轴追踪功能。

目标捕捉点自动追踪功能

F12——打开、关闭 DYN。

2. 常用组合键

Ctrl+N——建立新图形文件。

Ctrl+S——保存图形文件。

Ctrl+O ——打开图形文件。

Ctrl+P——打印图形文件。

Ctrl+Q ——退出 AutoCAD。

Ctrl+C——复制图形。

Ctrl+V——粘贴图形。

Ctrl+A——全选图形。

Ctrl+X——剪切至剪贴板。

1.3.6 坐标的输入方法

1. 坐标系

由于 AutoCAD 提供了一个很大的作图空间，为了准确定位，必须以某个坐标系作为参照，绘制出精确的工程图。AutoCAD 采用两种坐标系，即世界坐标系（WCS）与用户坐标系（UCS）。

世界坐标系又称为通用坐标系，是固定的坐标系，是坐标系中的基准。在默认情况下，AutoCAD 的坐标系就是世界坐标系，其 X 轴正向水平朝右，Y 轴正向垂直朝上，Z 轴与屏幕垂直，正向由屏幕朝外。绘制图形时多数情况下都是在这个坐标系下进行的。

用户坐标系是用户自己创建的坐标系，其坐标原点可以设置在相对于世界坐标系的任意位置，也可以通过转动或倾斜坐标系，改变 X 轴的正方向，以满足绘制复杂图形的需要。

2．坐标输入方法

在 AutoCAD 中，点的坐标可以用直角坐标、极坐标表示，每一种坐标又分别有两种输入方式，即绝对坐标和相对坐标。相对坐标是指当前点相对前一点的坐标值。下面详细介绍。

1）绝对直角坐标

用 X、Y、Z 坐标值确定当前点相对坐标原点的位置，输入时以逗号分隔 X 值、Y 值和 Z 值，即"X，Y，Z"。X 值是当前点沿水平轴线方向到原点的正或负的距离，Y 值是当前点沿垂直轴线方向到原点的正或负的距离，创建二维图形时，Z 坐标始终赋予 0 值，可以不输入。

例如，绘制一条线段，以 X 值为 0、Y 值为 0 的位置为起点，以 X 值为 10、Y 值为 20 的位置为终点。操作过程如下：

命令: LINE　　　　　　　　　　　（输入直线命令）
指定第一点: 1,1　　　　　　　　　（输入起点绝对直角坐标）
指定下一点或 [放弃(U)]: 10,20↓　（输入终点绝对直角坐标）
指定下一点或 [放弃(U)]: ↓　　　　（结束命令）

2）相对直角坐标

用 X、Y、Z 坐标值确定当前点相对前一点的位置，输入时需要在坐标值的前面加上"@"符号，即"@X，Y，Z"。

例如，绘制上述线段，也可以执行如下操作：

命令: LINE
指定第一点: 1,1↓
指定下一点或 [放弃(U)]: @9,19↓　　　（相对直角坐标）
指定下一点或 [放弃(U)]: ↓

3）绝对极坐标

用距离和角度确定当前点相对坐标原点的位置，输入时以角括号分隔距离和角度，即"长度<角度"。其中，长度表示该点到原点的距离，角度为该点至原点的连线与 X 轴正向的夹角。极坐标只能用来表示二维点的坐标。

默认的角度设置，约定 X 轴正向为零度方向，角度按逆时针方向增大，按顺时针方向减小。要指定顺时针方向，角度需输入负值。例如，输入"10<30"和"10<330"效果相同。

例如，通过输入三个点，绘制两段线段。

命令: LINE
指定第一点: 1, 1　　　　　　　　　（第一点）
指定下一点或 [放弃(U)]: 10<60↓　（第二点，相对原点距离为 10，与水平方向夹角 60 度）

　　　　指定下一点或 [放弃(U)]: 20<30↓　　　　（第三点，相对原点距离为20，与水平方向夹角30度）

　　　　指定下一点或 [放弃(U)]:↓

　4）相对极坐标

　　用距离和角度确定当前点相对前一点的位置，输入时需要在前面加上"@"符号，即"@长度<角度"，如"@30<60"。

　　　　命令: LINE

　　　　指定第一点:1, 1 ↓　　　　　　　　　（第一点）

　　　　指定下一点或 [放弃(U)]: @10<60 ↓　　（第二点相对前一点距离为10，与水平方向夹角60度）

　　　　指定下一点或 [放弃(U)]: @20<30 ↓　　（第三点相对前一点距离为20，与水平方向夹角30度）

　　　　指定下一点或 [放弃(U)]:↓

3．点的其他输入方法

　　实际绘图过程中，除了用输入坐标值的方法确定图形位置外，AutoCAD还提供了一些更为方便的方法。

　1）直接用鼠标定位

　　当不需要确定图形的准确位置时，可用鼠标等定标设备移动光标，单击左键在绘图区中直接取点。

　2）对象捕捉方式

　　捕捉屏幕上已有图形的特殊点，如端点、中点、中心点、插入点、交点、切点等。

　3）沿某一方向直接输入距离

　　先指定一点，再用光标拖拉出橡筋线或极轴线确定方向，然后用键盘输入距离。这样有利于准确控制对象的长度等参数。例如要绘制一段20mm的线段，方法如下：

　　　　命令: LINE

　　　　指定第一点:（在屏幕上指定一点）

　　这时在屏幕上移动鼠标指明线段的方向，但不要单击鼠标左键确认，而是在命令行中输入10，这样就在指定方向上准确地绘制了长度为10mm的线段。

　　　　指定下一点或 [放弃(U)]:10↓

　4）对象捕捉方式和对象追踪方式结合

　　用光标以目标捕捉点为对象拖拉出橡筋线确定横平竖直的对齐点，或者水平方向、垂直方向对齐的任意点。

　5）正交方式

　　用正交方式画水平线或垂直线。

6）捕捉与栅格方式

启用自动捕捉栅格点绘图。有关目标捕捉、正交、栅格等功能的设置及详细使用方法，将在模块3中介绍。

1.3.7 控制图形

1．快速移动

单击"标准"工具栏上的 ⚙ 按钮，鼠标指针变成手的形状，按住鼠标左键左右拖动可以平移图形，按 Esc 键或回车键退出。

2．缩放图形

单击"标准"工具栏上的 🔍 按钮，鼠标指针变成放大镜的形状，按住鼠标左键向下拖动时图形缩小，向上时图形放大，按 Esc 键或回车键退出。

拓展技能实训

1．练习 AutoCAD 2012 软件的启动与退出方法。

2．熟悉工作界面，并打开"绘图"、"修改"、"对象捕捉"及"建模"工具栏，移动所有工具栏的位置，并调整"对象捕捉"工具栏的形状。

3．练习打开、保存、关闭、另存为、输出图形文件的方法。

4．绘制如图 1-7、图 1-8 所示平面图形，不标注尺寸。

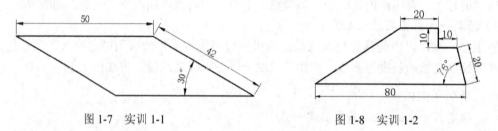

图 1-7　实训 1-1　　　　　　　　　　　图 1-8　实训 1-2

5．将图 1-7、图 1-8 所示平面图形绘制完成后另存到"D：\CAD 图\"下，退出系统后重新打开。

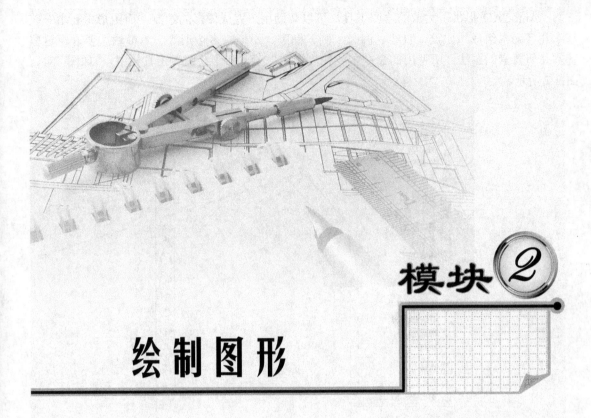

模块 ②

绘制图形

目标任务

> 学习直线类对象的创建。

> 学习曲线类对象的创建。

> 学习点的创建。

> 学习多段线类对象的创建。

> 学习特殊曲线类对象的创建。

AutoCAD 提供了大量的绘图工具，可以帮助用户完成图形的绘制，而图形主要由一些基本几何元素组成，如点、直线、圆弧、圆、椭圆、矩形、多边形等。本模块主要介绍这些基本几何要素的画法，所使用的命令主要在"绘图"菜单和"绘图"工具栏中，如图 2-1、图 2-2 所示。

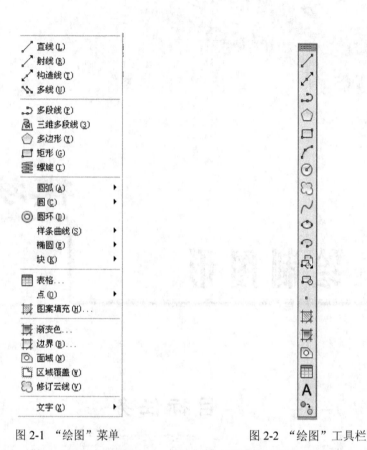

图 2-1 "绘图"菜单　　　　　　　　　图 2-2 "绘图"工具栏

2.1　绘制直线

两点确定一条直线。本节主要介绍直线、射线、构造线、多线。

2.1.1　直线

绘制两点间均为一个独立实体的直线，并完成由直线构成的图形。

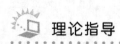 **理论指导**

用直线命令可以画出一条线段，也可以不断地输入下一点，画出连续的多条线段。直到按回车键、空格键或 Esc 键退出画直线命令。其中每条线段都被作为单独的对象处理。

执行"直线"命令，提示和一般操作过程如下：

命令：_line 指定第一点：
指定下一点或 [放弃(U)]:
指定下一点或 [放弃(U)]:
指定下一点或 [闭合(C)/放弃(U)]:

提示的各选项意义如下。

（1）指定下一点：默认选项，可从键盘输入下一点的绝对坐标、相对坐标、一段直线距离，或在屏幕上单击鼠标左键确定直线下一点。

（2）放弃（U）：取消刚输入的一段，并继续提示输入下一点。

（3）闭合（C）：使最后一段直线段的终点与开始一段直线段的起点重合，形成闭合多边形并结束。

 技能训练

【例 2-1】 利用"直线"及相关命令完成图 2-3 所示图形。

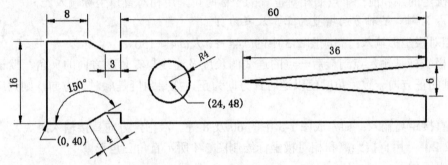

图 2-3 锥子平面图

1）完成该图的提示和一般操作过程

命令：_line 指定第一点：<正交 开> 0,40（状态栏正交模式打开，限绘制水平或竖直线。）↓

指定下一点或 [放弃(U)]: 16↓
指定下一点或 [放弃(U)]: 8↓
指定下一点或 [闭合(C)/放弃(U)]: @4<-30↓
指定下一点或 [闭合(C)/放弃(U)]: 3↓
指定下一点或 [闭合(C)/放弃(U)]: 2↓
指定下一点或 [闭合(C)/放弃(U)]: 60↓
指定下一点或 [闭合(C)/放弃(U)]: 5↓
指定下一点或 [闭合(C)/放弃(U)]: @-36,-3↓
指定下一点或 [闭合(C)/放弃(U)]: @36,-3↓
指定下一点或 [闭合(C)/放弃(U)]: 5↓

指定下一点或 [闭合(C)/放弃(U)]: 60↓

指定下一点或 [闭合(C)/放弃(U)]: 2↓

指定下一点或 [闭合(C)/放弃(U)]: 3↓

指定下一点或 [闭合(C)/放弃(U)]: @4<-150↓

指定下一点或 [闭合(C)/放弃(U)]: c↓

命令: _Circle 指定圆的圆心或 [三点(3P)/两点(2P)/切点、切点、半径(T)]: 24,48↓

指定圆的半径或 [直径(D)]: 4↓

2）完成图 2-3 的过程中涉及的命令

（1）正交：正交是透明命令，即在执行其他命令的过程中可随时打开或关闭。正交只有"开"和"关"两个状态。单击"状态栏"上的"正交"按钮或按 F8 键即可实现切换。打开正交后，只能在水平或竖直方向画线或指定距离，而不管光标在屏幕上的位置。

（2）坐标输入：如果用户要画指定长度的直线，当系统提示指定点的位置时，可以采用以下常用的输入方法。

① 绝对直角坐标输入：完成图 2-3 中的（0，40）及（24，48）。

当已知点的的 X、Y 的坐标值时可采用绝对的直角坐标输入。

② 相对直角坐标输入：完成图 2-3 中的@-36,-3 及@36,-3。

当要确定的点和前一个点的相对位置的坐标时可采用相对直角坐标输入。

注：沿 X 轴、Y 轴方向增量为正，反之为负。

③ 相对极坐标输入：完成图 2-3 中的@4<-30 及@4<-150。

相对极坐标是输入点到最后一点的连线的长度及连线与零角度方向的夹角，默认零度方向与 X 轴的正方向一致，角度值以逆时针方向为正。如果角度是顺时针方向，则角度值前加负号。

（3）直接距离输入：如完成图 2-3 中的 60 及 8 等。沿指定方向直接输入距离。

【例 2-2】 用直接距离和相对极坐标绘制图 2-4 所示直角三角形。

系统提示如下：

命令: _line 指定第一点: ↓   （在屏幕上任拾取一点）

指定下一点或 [放弃(U)]: <正交 开> 30 ↓（"正交"打开，鼠标指向右侧，直接输入距离）

指定下一点或 [放弃(U)]: @60<120 ↓   （相对于前一点距离 60，与水平向右夹角 120）

指定下一点或 [闭合(C)/放弃(U)]: c ↓

【例 2-3】 绘制端点坐标如图 2-5 所示的四边形。

绘图方法及步骤如下：

（1）执行"直线"命令。

（2）利用绝对直角坐标输入法确定四点。

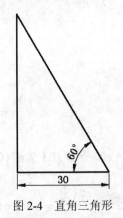

图 2-4 直角三角形

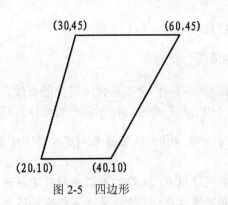

图 2-5 四边形

 技能实践

用"直线"命令完成图 2-6 所示图形。

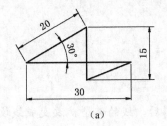

（a）

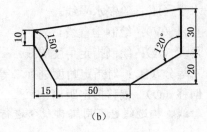

（b）

图 2-6 直线练习

2.1.2 射线与构造线

为创建其他对象提供参考，一般用于工程图的画图架线，不能打印。射线是由一点向一个方向无限延伸的直线。构造线是通过一点向两个方向无限延伸。

要精确找到已绘图形上的特殊点，必须启用对象捕捉。

 理论指导

1. 射线

射线起始于指定点，并且在一个方向上无限延伸。

执行"射线"命令，提示和一般操作过程如下：

命令：RAY

指定起点：（输入第一点即起始点）↓

指定通过点：（输入第二点即确定第一条射线延伸的方向）↓

指定通过点：（输入第三点即确定第二条射线的方向）↓

...

指定通过点：↓（结束操作）

2. 构造线

构造线是一条向两个方向无限延伸的直线。

执行"构造线"命令，提示和一般操作过程如下：

命令：_xline 指定点或 [水平(H)/垂直(V)/角度(A)/二等分(B)/偏移(O)]：（输入第一点）↓

指定通过点：（输入第二点即确定第一条射线延伸的方向）↓

指定通过点：（输入第三点即确定第二条射线的方向）↓

...

指定通过点：↓(结束操作)

提示的各选项的意义如下。

（1）水平（H）：绘制水平线。

（2）垂直（V）：绘制垂直线。

（3）角度（A）：绘制指定角度的线。

（4）二等分（B）：对指定角度进行二等分。

（5）偏移（O）：偏移指定距离。

注： 射线、构造线也可用编辑命令进行编辑，但编辑后，线的类型就改变成线段。

 技能训练

【例2-4】 绘制三条以（50,50）为起点的三条射线，如图2-7所示。

执行"射线"命令，系统提示如下：

命令：_ray 指定起点：50,50↓

指定通过点：80,60↓

指定通过点：100,10↓

指定通过点：80,50↓

指定通过点：↓

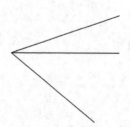

图2-7 射线图例

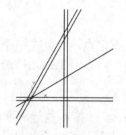

图2-8 构造线图例

【例2-5】 绘制水平、垂直、角度、二等分、偏移构造线，如图2-8所示。

执行"构造线"命令,系统提示如下:

命令:_xline 指定点或 [水平(H)/垂直(V)/角度(A)/二等分(B)/偏移(O)]: h↓

指定通过点: 0,0↓

指定通过点: ↓

命令:_xline 指定点或 [水平(H)/垂直(V)/角度(A)/二等分(B)/偏移(O)]: v↓

指定通过点: 100,0↓

指定通过点: ↓

命令:_xline 指定点或 [水平(H)/垂直(V)/角度(A)/二等分(B)/偏移(O)]: a↓

输入构造线的角度 (0) 或 [参照®]: 60↓

指定通过点: 0,0↓

指定通过点: ↓

命令:_xline 指定点或 [水平(H)/垂直(V)/角度(A)/二等分(B)/偏移(O)]: b↓

指定角的顶点:(捕捉要二等分角的顶点)↓

指定角的起点:(捕捉要二等分角的起点)↓

指定角的端点:(捕捉要二等分角的端点)↓

指定角的端点: ↓

命令:_xline 指定点或 [水平(H)/垂直(V)/角度(A)/二等分(B)/偏移(O)]: o↓

指定偏移距离或 [通过(T)] <通过>: 10↓

选择直线对象:(选择要偏移的构造线)↓

指定向哪侧偏移:(选择要偏移的方向)↓

 技能实践

用"射线"、"构造线"命令完成图 2-9 所示图形。

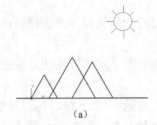

(a)

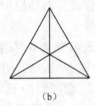

(b)

图 2-9 射线、构造线练习

2.1.3 多线及多线编辑

绘制多重平行线,最多可达 16 条。该功能常用于绘制建筑图中的墙体、电子线路图等平行线。

理论指导

多线是一种复合线，它由 1～16 条平行线组成，这些平行线称为元素，通过创建多线样式，可以控制元素的数量及特性。这种线的突出优点是：能够提高绘图效率，保证图线之间的统一性。也可以对所绘多线进行编辑。

创建多线样式：执行命令"Mlstyle"或选择菜单命令"格式"→"多线样式"，打开如图 2-10 所示"多线样式"对话框。

图 2-10 "多线样式"对话框　　　　　　　图 2-11 "创建新的多线样式"对话框

在该对话框中，用户可以对线样式进行定义、保存和加载等操作。下面通过定义一个新的多线样式来介绍该对话框的使用方法。欲定义的多线样式由三条平行线组成，中心轴线为红色的中心线，其余两条平行线为绿色实线，相对于中心轴线上、下各偏移 0.5。具体步骤如下：

（1）在"多线样式"对话框中单击"新建"按钮，系统打开"创建新的多线样式"对话框，如图 2-11 所示。

（2）在"新样式名"文本框输入"AA"，然后单击"继续"按钮。系统打开"新建多线样式：AA"对话框，如图 2-12 所示。

（3）在"封口"选项组中设置多线起点和端点的形式，封口可以选择"直线"、"外弧"或"内弧"，还可以设置封口直线或圆弧的"角度"。样式 AA 选择封口为"直线"，角度默认 90°。

（4）在"元素"选项组中可以设置组成多线的元素特性。单击"添加"按钮，可以为多线添加元素；反之，单击"删除"按钮，可以为多线删除元素。在"偏移"文本框中可以设置选中元素的位置偏移值。在"颜色"下拉列表框中可以为选中的元素选择颜色。单击"线型"按钮，可以为选中元素设置线型。

（5）在"填充颜色"下拉列表框中可以选择多线填充的颜色。

（6）"显示连接"控制多线在拐角处的连接。样式 AA 选择显示连接。

（7）设置完毕后，单击"确定"按钮，系统返回到"多线样式"对话框，在"样式"列表中会显示刚设置的多线样式名，选择该样式，单击"置为当前"按钮，则将刚设置的多线样式设置为当前样式，下面的预览框中会显示当前的多线样式。

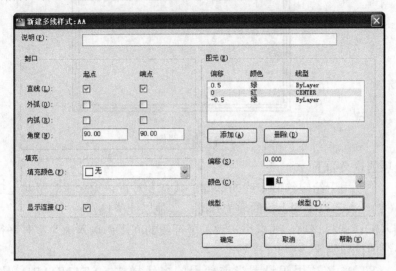

图 2-12 "新建多线样式"对话框

（8）单击"确定"按钮，完成多线样式设置。

 技能训练

1. 多线的画法

下面通过一个具体的例子来说明多线的画法。

【例 2-6】 按照上述步骤设置多线样式"AA"，绘制图 2-13 所示图形。

命令提示如下：

```
命令：_mline
当前设置：对正 = 上，比例 = 20.00，样式 = STANDARD
指定起点或 [对正(J)/比例(S)/样式(ST)]： s↓（选择比例选项）
输入多线比例 <20.00>： 5↓
当前设置：对正 = 上，比例 = 5.00，样式 = AA
指定起点或 [对正(J)/比例(S)/样式(ST)]： st↓（选择样式选项）
输入多线样式名或 [?]： AA↓
当前设置：对正 = 上，比例 = 5.00，样式 = AA
定起点或 [对正(J)/比例(S)/样式(ST)]：（指定第一点，左下角或左上角均可）
定下一点： 100↓（直接距离输入法）
指定下一点或 [放弃(U)]： 50↓
```

指定下一点或 [闭合(C)/放弃(U)]:　100↓

指定下一点或 [闭合(C)/放弃(U)]:　c↓ （闭合多线）

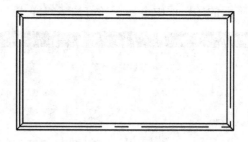

图 2-13　多线图例

提示各选项的意义如下。

（1）对正（J）：用于给定绘制多线的基础。共有上对正、无对正和下对正三种选择。其中，"上对正（T）"表示以多线上侧的线为基准，其他以此类推。

（2）比例（S）：选择该项，要求用户设置平行线的间距。输入值为零时平行线重合，输入值为负时多线的排列倒置。

（3）样式（ST）：该项用于设置当前使用的多线样式。STANDARD 是系统的默认样式。

2．编辑多线

其编辑功能在于可改变两条多线的相交形式，如使它们相交成"十"字形或"T"字形；在多线中加入控制顶点和删除顶点；将多线中的线条切断或接合。编辑过程将通过例 2-7 来说明。

【例 2-7】　利用多线编辑功能完成图 2-14 所示图形。

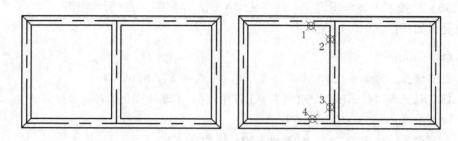

图 2-14　编辑多线图例

编辑步骤如下：

（1）执行菜单命令"Mledit"或"修改"→"对象"→"多线"，打开图 2-15 所示"多线编辑工具"对话框。

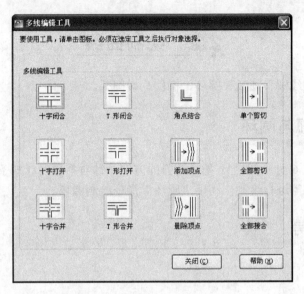

图 2-15 "多线编辑工具"对话框

（2）选择对话框中的"T 形合并"选项，系统提示如下：

命令: _mledit
选择第一条多线:（在点 2 处选择多线）
选择第二条多线:（在点 1 处选择多线）
选择第一条多线 或 [放弃(U)]:（在点 3 处选择多线）
选择第二条多线:（在点 4 处选择多线）
选择第一条多线 或 [放弃(U)]:↓（结束）

 技能实践

利用多线及多线编辑命令完成图 2-16 所示图形。

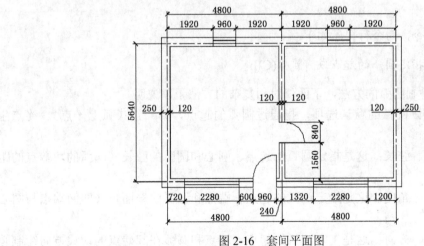

图 2-16 套间平面图

2.2　绘制曲线

本节主要介绍曲线圆、圆弧、圆环、椭圆、椭圆弧。

2.2.1　圆、圆弧与圆环

利用系统提供的 6 种画圆、11 种画圆弧的方法，针对不同的已知条件，选择不同的方法对图形中的圆、圆弧等进行绘制；利用"圆环"命令绘制圆环。

 理论指导

1. 圆

执行"圆"命令，命令行提示：

> 命令：_circle 指定圆的圆心或 [三点(3P)/两点(2P)/切点、切点、半径(T)]：（输入选项）↓

系统提供了 6 种画圆的方法。用户可根据需要选择其中的任意一种进行画圆操作。

（1）圆心、半径：这是画圆的默认选项，以指定的圆心和半径绘制一个圆。

（2）圆心、直径：这是指定圆心和直径绘制一个圆。

（3）两点：这是指定两点（直径的两个端点）绘制一个圆。

（4）三点：这是通过给定圆上三点绘制一个圆。

（5）相切、相切、半径：可以绘制与已知两个目标对象（如直线、圆、圆弧）相切的圆。一旦光标移到相切对象上，将出现相切标记。

（6）相切、相切、相切：可绘制出与三个目标对象相切的一个圆。

2. 圆弧

执行"圆弧"命令，命令行提示如下：

> 命令：_Arc 指定圆弧的起点或 [圆心(C)]：

系统提供了 11 种画圆弧的方法，下面仅对稍复杂的方法予以说明。

（1）三点：这是画圆弧的默认选项，指通过圆弧的起点、第二点（弧上一点）、终点生成的一段圆弧。

（2）起点、圆心、弦长：这是指定圆弧的起点、圆心和圆弧的弦长（即弧的两端点的距离）绘制圆弧。

（3）起点、端点、角度：这是指定圆弧的起点、端点和圆弧的扇面角（即两端点与圆心连线的夹角）。

（4）起点、端点、方向：这是指定圆弧的起点、端点和圆弧在起始点的切线方向绘制圆

弧。指定切线方向有两种方法，一是直接指定一点，圆弧起点到该点连线的方向就是起点的切线方向；另一种是输入角度值，数值为圆弧起点切线方向与水平方向的夹角大小，以此确定切线方向。

（5）起点、端点、半径：这是指定圆弧的起点、端点和半径绘制圆弧。

（6）圆心、起点、角度：这是指定圆弧的圆心、起点和角度绘制圆弧。

（7）续接圆弧：开始绘制一段新圆弧，该圆弧从之前最后绘制的直线或圆弧的端点开始，并且与前一段直线或圆弧相切，然后指定端点的位置即可绘制出一段圆弧。

3. 圆环

执行"圆环"命令，命令行提示如下：

命令：_donut
指定圆环的内径 <0.5000>：（指定圆环的内径）↓
指定圆环的外径 <1.0000>：（指定圆环的外径）↓
指定圆环的中心点或 <退出>：（指定圆环的中心点）
指定圆环的中心点或 <退出>：（继续指定的圆环的中心点，则继续绘制相同内外径的圆环。回车结束）

操作结果如图 2-17（a）所示。

注：（1）若指定内径为零，则画出实心填充圆；若内外径相等，则画出空心圆周，如图 2-17（b）所示。

（2）命令 FILL 可以控制圆环是否填充，具体操作方法如下：

命令：_Fill
输入模式 [开(ON)/关(OFF)] <开>:[选择 ON 表示填充，选择 OFF 表示不填充，如图 2- 17（c）所示]

 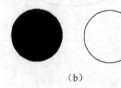

（a） （b） （c）

图 2-17 圆环

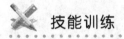 技能训练

【例 2-8】 用"圆"命令绘制图 2-18 所示图形。

绘图方法步骤如下：

（1）调用画直线命令画 3 条细点画线，并使两条竖直线段的间距 100mm。

（2）调用画圆命令分别画直径为 50、80 的圆。

（3）调用画圆命令→T↓→状态栏的对象捕捉设置捕捉切点，将光标移至两个已画好的圆上并且最好靠近目测切点位置，两圆上分别单击左键，根据提示输入半径 50↓。半径 100

的圆弧同样采用上述画法。

（4）修剪多余图线。

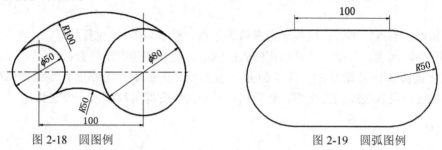

图 2-18　圆图例　　　　　　　　图 2-19　圆弧图例

【例 2-9】　用"直线"和"圆弧"命令绘制图 2-19 所示图形。

绘图方法步骤如下：

（1）调用直线命令用绝对直角坐标按尺寸画出两条直线。

（2）左右两段圆弧按已知条件可采用起点、端点、半径或起点、端点、角度画法。

 技能实践

利用圆和圆弧命令绘制图 2-20 所示图形。

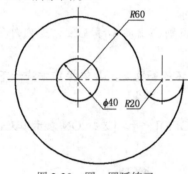

图 2-20　圆、圆弧练习

2.2.2　椭圆与椭圆弧

按指定的方式画椭圆或取其一部分成椭圆弧。

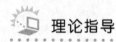 理论指导

椭圆由定义其长度和宽度的两条轴决定，较长的轴称为长轴，较短的轴称为短轴。系统提供了 3 种方式，即轴端点方式、椭圆心方式、旋转方式。实际应用中，可根据条件灵活选择。

执行"椭圆"命令，命令行提示如下：

命令：_ellipse

指定椭圆的轴端点或 [圆弧(A)/中心点(C)]：（指定轴端点 1）↓

指定轴的另一个端点：（指定轴端点 2）↓

指定另一条半轴长度或 [旋转(R)]: （指定另一条半轴端点 3）↵

提示的各选项的意义说明如下。

（1）指定椭圆的轴端点：根据两个端点定义椭圆的第一条轴。第一条轴的角度确定了整个椭圆的角度。第一条轴既可定义长轴，也可定义短轴。

（2）中心点（C）：通过指定的中心点创建椭圆。

（3）旋转（R）：通过绕一条轴旋转圆来创建椭圆。相当于将一个圆绕椭圆长轴翻转一个角度后的投影视图。

（4）圆弧（A）：用于创建一段椭圆弧。选择该项，系统提示如下：

命令: _ellipse
指定椭圆的轴端点或 [圆弧(A)/中心点(C)]: A↵ （选择画椭圆弧）
指定椭圆弧的轴端点或 [中心点(C)]: （指定端点或输入 C）
指定轴的另一个端点: （指定另一个端点）
指定另一条半轴长度或 [旋转(R)]: （指定另一条半轴长度或输入 R）↵
指定起点角度或 [参数(P)]: （指定起始角度或输入 P）↵
指定端点角度或 [参数(P)/包含角度(I)]: ↵

提示的各选项的意义如下。

① 参数（P）：系统通过矢量参数方程式创建椭圆弧。

② 包含角度（I）：定义从起始角度开始的包含角度。

 技能训练

【例 2-10】 绘制如图 2-21 所示椭圆图例。

绘图方法步骤如下：

（1）调用 center 线绘制中心线及圆。

（2）用椭圆心方式创建椭圆，捕捉圆与中心线交点作为长轴，输入短轴的半轴长，确定椭圆。

 技能实践

利用椭圆命令绘制图 2-22 所示图形。

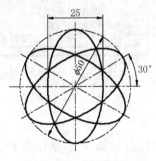

图 2-21 椭圆图例

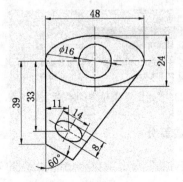

图 2-22 椭圆练习

2.3 点

按设定的点样式在指定位置画点。

 **理论指导**

点可以作为实体。同其他实体一样，点具有各种实体属性，也可以编辑。定数等分和定距等分命令可按设定的点样式，在选定的线段上画等分点。

执行"点"命令，命令行提示如下：

　　命令：_point
　　当前点模式：PDMODE=0　PDSIZE=0.0000
　　指定点：（指定点所在的位置）

通过菜单方法的操作如图 2-23 所示。"单点"命令表示只输入一个点，"多点"命令表示可输入多个点。

1．点样式

在一些应用场合，为了使点对象获得视觉上的指定效果，可以根据需要设置点样式。点在图形中的表示样式共有 20 种。可通过"Ddtype"命令或菜单命令"格式"→"点样式"，在弹出的"点样式"对话框中进行设置，如图 2-24 所示。

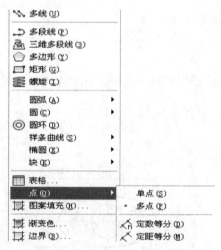

图 2-23 "绘图"菜单中的"点"子菜单

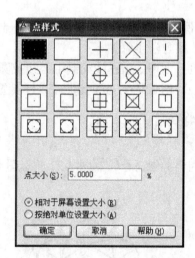

图 2-24 "点样式"对话框

2．定数等分

用"Divide"命令或菜单命令"绘图"→"点"→"定数等分"，命令行提示如下：

　　命令：_divide

选择要定数等分的对象：（选择要等分的实体）

输入线段数目或 [块(B)]：（指定实体的等分数）

绘制结果如图 2-25 所示。

图 2-25　定数等分点

注：等分数范围 2～32767；在等分点处，按当前点样式设置画出等分点；块（B）表示在等分点处插入指定的块。

3. 定距等分

用"measure"命令或菜单命令"绘图"→"点"→"等距等分"，命令行提示如下：

命令：_measure

选择要定距等分的对象：（选择要设置测量点的实体）

指定线段长度或 [块(B)]：（指定分段长度）↓

绘制结果如图 2-26 所示。

注：设置的起点一般是拾取点的最近定起点；在等分点处，按当前点样式设置画出等分点；块（B）同上；最后一个测量段的长度不一定等于指定分段长度。

 技能训练

【例 2-11】　绘制如图 2-27 所示的图形。

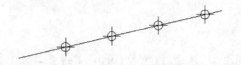 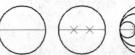

图 2-26　定距等分点　　　　图 2-27　利用"定距等分"绘制图形

绘图方法及说明：

（1）按要求设置点样式。

（2）绘制图示大圆，对直径进行三等分。

（3）图中的圆均采用两点画圆法。

 技能实践

1. 参照图 2-28（a）绘制图形，注意竖直、等分点等几何关系。请问图形中 AD 间的距离？

（提示：测量距离方法有两种：第一，尺寸标注中的对齐标注；第二，选择菜单命令

"工具"→"查询"→"距离"。详见 3.4 节。)

2. 参照图 2-28（b）绘制图形，注意图中相切关系。请问图形中 *AB* 间的距离是多少？

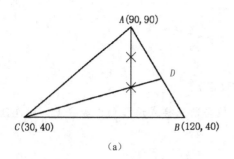
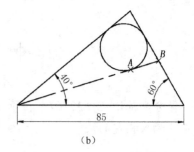

（a）   （b）

图 2-28　点练习

2.4　绘制多段线

多段线是由多个单独对象相互连接而形成的线段序列。本节要介绍的多段线包括矩形、正多边形、多段线。

2.4.1　矩形

通过不同方式创建直角（倒角、圆角）矩形。

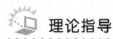 **理论指导**

执行"矩形"命令，命令行提示如下：

> 命令：_rectang
> 指定第一个角点或 [倒角(C)/标高(E)/圆角(F)/厚度(T)/宽度(W)]：（指定一点）↵
> 指定另一个角点或 [面积(A)/尺寸(D)/旋转(R)]：↵

提示的各选项的意义如下。

（1）指定第一个角点：通过指定两个角点确定矩形，如图 2-29（a）所示。

（2）旋转（R）：旋转所绘制的矩形的角度。指定旋转角度后，系统按指定角度创建矩形。如图 2-29（b）所示。

（3）倒角（C）：绘制带倒角的矩形。第一倒角距离指角点逆时针方向倒角距离，第二倒角距离指角点顺时针方向倒角距离。它们的值可以相同，也可以不同，如图 2-29（c）、（d）所示。

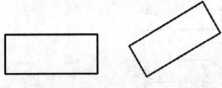

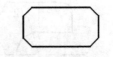

(a) 默认设置矩形
(b) 旋转一定角度矩形
(c) 第一、二倒角相等矩形
(d) 第一、二倒角不等矩形

图 2-29　不同含义矩形

(4) 尺寸 (D)：使用长和宽创建矩形。第二个指定点将矩形定位在与第一个角点相关的四个位置之一。

(5) 面积 (A)：指定矩形面积的长或宽创建矩形。指定长度或宽度后，系统后自动计算绘制出矩形。如果矩形是全角或圆角，则长度或宽度计算中会考虑此设置。

(6) 圆角 (F)：指定圆角半径，绘制带圆角的矩形，如图 2-30 (a) 所示。

(7) 宽度 (W)：指定矩形的线宽，如图 2-30 (b) 所示。

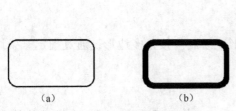

(a)
(b)

图 2-30　有一定线宽的圆角矩形

标高50
厚度20
标高0
厚度20

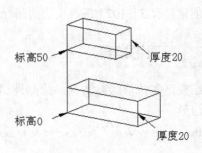

图 2-31　矩形的标高和厚度

(8) 标高 (E)：矩形的标高 (Z 坐标)，即把矩形画在标高为 Z 且与 XOY 坐标面平行的平面上，并作为后续矩形的标高值，如图 2-31 所示。

(9) 厚度 (T)：指定矩形的厚度，如图 2-31 所示。

R10
ϕ10
40
60

图 2-32　矩形图例

技能训练

【例 2-12】　用矩形命令绘制图 2-32 所示图形。

绘图方法步骤如下：

(1) 调用矩形命令圆角选项绘制圆角矩形。

(2) 四小圆与四倒圆角的圆同心。画小圆时，启用对象捕捉功能捕捉倒圆角圆心，绘制小圆。

技能实践

利用所学命令绘制图 2-33 所示图形。

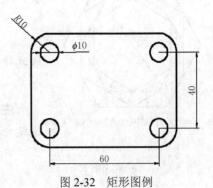

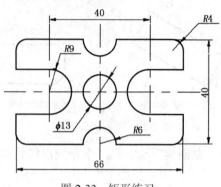

图 2-33　矩形练习

2.4.2　正多边形

创建具有 3～1024 条等长边的闭合多段线（正多边形）。

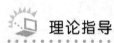　理论指导

绘制正多边形的方法有：绘制外切正多边形；绘制内接正多边形；通过指定一条边绘制正多边形。

执行"正多边形"命令，命令行提示如下：

命令：_polygon 输入侧面数 <4>:（指定多边形的边数，默认值为 4）↓

指定正多边形的中心点或 [边(E)]:（指定中心点）↓

输入选项 [内接于圆(I)/外切于圆(C)] <I>:（指定内接于圆或外切于圆，I 内接，C 外切）↓

指定圆的半径:（指定外接圆或内切圆的半径）↓

注：如果选择"边（E）"，则只要指定多边形的一条边，系统就会按逆时针方向创建该正多边形。

图 2-34　正多边形图例

　技能训练

【例 2-13】　用正多边形命令完成图 2-34 所示图形。

绘图方法步骤如下：

（1）调用线型 center 绘制直径为 80 的圆。

（2）圆外的三个正六边形均采用外切于圆的画法。所有正六边形同心，指定半径时圆外第一个正六边形为外切于半径为 40 的圆，另外两个半径均为捕捉前一个正六边形的顶点。

（3）圆内的正六边形采用内接于圆的画法，指定半径时捕捉圆与其外正六边形的切点。

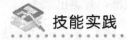 **技能实践**

利用所学命令绘制图 2-35 所示图形。

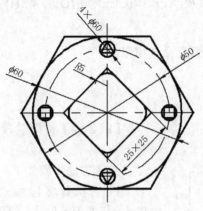

图 2-35　正多边形练习

2.4.3　多段线

绘制由直线段和圆弧组合而成的单一图形实体。它可由不同的线型、不同的宽度组成。

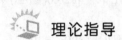 **理论指导**

多段线组合形式多样，线宽、线型可变化，弥补了直线或圆弧功能的不足，适合绘制各种复杂图形轮廓，因而得到广泛的应用。

执行"多段线"命令，命令行提示如下：

命令：_pline
指定起点：（指定多段线的起点）
当前线宽为　0.0000
指定下一个点或 [圆弧(A)/半宽(H)/长度(L)/放弃(U)/宽度(W)]：（指定多段线的下一点）

提示的各选项的意义如下。

（1）指定下一点：输入一点后，系统以当前线宽、线型绘制出一段多段线，然后重复提示，可以绘制多段直线段。这是默认选项。

（2）圆弧（A）：从绘制直线方式到绘制圆弧方式。

（3）半宽（H）：设定多段线的线宽。输入数值为线宽的一半。并提示输入起点半宽和端点半宽。

（4）长度（L）：绘制以前一条线段的末端为始点，按指定长度绘制直线段。当前一条线段为直线时绘出的直线段与其方向相同；当前一条线段为弧线时，绘出的直线段与该圆弧相切。

（5）放弃（U）：删除最后绘出的线段，可重复使用，直至删除全部，并退出命令。

（6）宽度（W）：设定多段线的线宽。

注：如果在上述提示中选择"圆弧（A）"，则命令行提示如下：

指定圆弧的端点或[角度(A)/圆心(CE)/方向(D)/半宽(H)/直线(L)/半径(R)/第二个点(S)/放弃(U)/宽度(W)]：

提示各选项的意义与"圆弧"命令相似。

 技能训练

【例2-14】 用多段线命令完成图 2-36 所示图形。

绘图方法步骤如下：

（1）执行多段线命令，绘图从左下角开始，Pline<正交开>↓→在绘图区指定起点↓→W（设置线宽）↓→起点 1（起点线宽为 1）↓→端点 1↓→120（水平向右方向距离）↓→130（竖直向上方向距离）↓→80（水平向左方向距离）↓（"直接距离输入法"）。

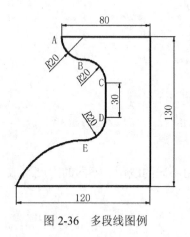

图 2-36 多段线图例

（2）绘圆弧 AB：A↓→CE↓→@20,0(圆心)↓→@0,-20(端点)↓

（3）绘圆弧 BC，与 AB 相切：@20，-20↓

（4）绘直线 CD：L↓→30↓

（5）绘圆弧 DE：A↓→@-20,-20↓

（6）闭合：CL↓

 技能实践

利用所学命令完成图 2-37 所示图形。

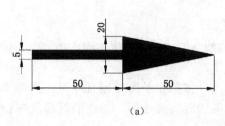

（a）

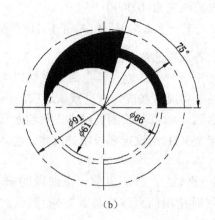

（b）

图 2-37 多段线练习

2.5　绘制特殊曲线

2.5.1　样条曲线

样条曲线命令是绘制通过或接近所给一系列点的光滑曲线，在机械图中常被用做局部剖视图的边界。

 理论指导

执行"样条曲线"命令，命令行提示如下：

> 命令: _spline
> 当前设置: 方式=拟合　节点=弦
> 指定第一个点或 [方式(M)/节点(K)/对象(O)]:
> 输入下一个点或 [起点切向(T)/公差(L)]:
> 输入下一个点或 [端点相切(T)/公差(L)/放弃(U)]:
> 输入下一个点或 [端点相切(T)/公差(L)/放弃(U)/闭合(C)]:

提示各选项的意义如下。

（1）方式（M）：包含定义样条曲线的两种方式——拟合点或控制点。

（2）节点（K）：指定节点参数化，它是一种计算方法，用来确定样条曲线中连续拟合点之间的零部件曲线如何过渡。共有三种方法：弦（弦长方法）、平方根（向心方法）、统一（等间距分布方法）。

（3）对象（O）：将二维或三维的二次或三次样条曲线拟合多段线转换成等效的样条曲线。根据 DELOBJ 系统变量的设置，保留或放弃原多段线。

（4）起点、端点相切（T）：指定在样条曲线起点或终点的相切条件。

（5）公差（L）：指定样条曲线可以偏离指定拟合点的距离。公差值 0（零）要求生成的样条曲线直接通过拟合点。公差值适用于所有拟合点（拟合点的起点和终点除外），始终具有为 0（零）的公差。

默认情况下，拟合点与样条曲线重合，而控制点定义控制框。控制框提供了一种便捷的方法，用来设置样条曲线的形状。每种方法都有其优点。样条曲线如图 2-38 所示。

2.5.2　修订云线

修订云线是由连续的圆弧组成的多段线而构成云线形对象，主要作为对象标记使用。

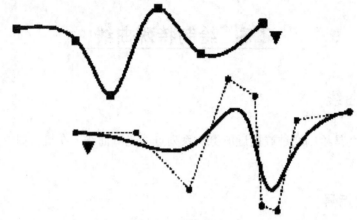

图 2-38　样条曲线

 理论指导

执行"修订云线"命令，命令行提示如下：

> 命令：_revcloud
> 最小弧长：15　最大弧长：15　样式：普通
> 指定起点或 [弧长(A)/对象(O)/样式(S)] <对象>：
> 沿云线路径引导十字光标…
> 反转方向 [是(Y)/否(N)] <否>：y
> 修订云线完成

提示各选项的意义如下。

（1）指定起点：在屏幕上指定起点，并拖动鼠标指定云线路径。

（2）弧长（A）：指定组成云线的圆弧的范围。

（3）对象（O）：将选定的图形对象转换成修订云线。选择该项，系统提示将椭圆线条转换成修订云线，如图 2-39 所示。

执行"转换修订云线"命令，命令行提示如下：

> 指定起点或 [弧长(A)/对象(O)/样式(S)] <对象>：o
> 选择对象：
> 反转方向 [是(Y)/否(N)] <否>：
> 修订云线完成

（a）椭圆　　　（b）转换云线（不反转）　　　（c）转换云线（反转）

图 2-39　转换修订云线

拓展技能实训

根据本章内容完成图 2-40～图 2-49 所示图形。

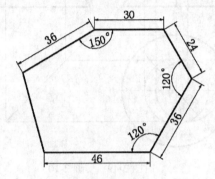

图 2-40 实训 2-1

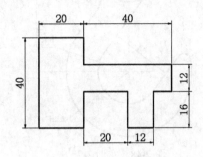

图 2-41 实训 2-2

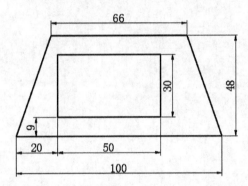

图 2-42 实训 2-3

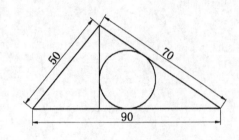

图 2-43 实训 2-4

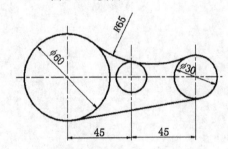

图 2-44 实训 2-5

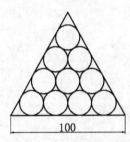

图 2-45 实训 2-6

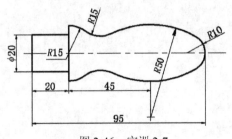

图 2-46 实训 2-7

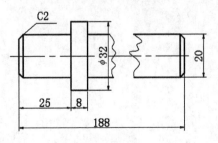

图 2-47 实训 2-8

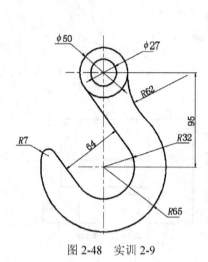

图 2-48　实训 2-9

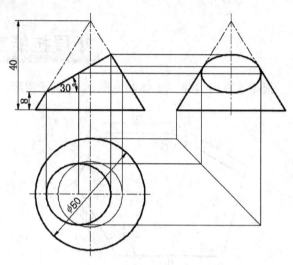

图 2-49　实训 2-10

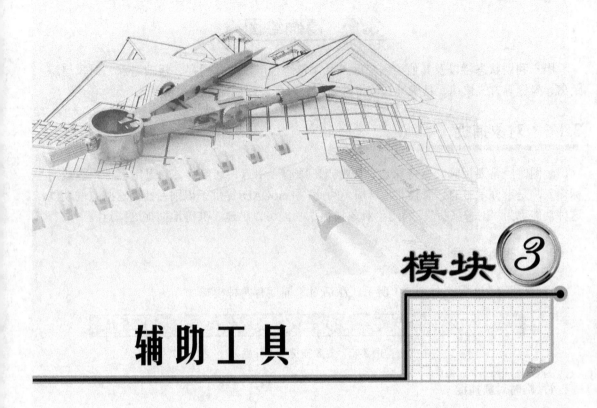

模块 ③

辅助工具

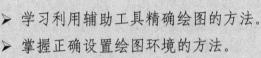
目标任务

➤ 学习利用辅助工具精确绘图的方法。
➤ 掌握正确设置绘图环境的方法。
➤ 掌握图形的显示控制方法。

3.1 精确绘图

用户利用状态栏以及其他绘图辅助工具，熟练地应用对象捕捉、极轴追踪、对象追踪、距离、坐标等方式快速、精确地选取特殊点，可以提高绘图的速度和精度。

3.1.1 对象捕捉

画图时经常要用到一些特殊点，如端点、圆心、中点、切点等，如果用鼠标拾取或用坐标输入，是十分困难的，而且非常麻烦。为此，AutoCAD 提供了识别并捕捉这些点的功能，这种功能称为"对象捕捉"。利用"对象捕捉"功能可以迅速、准确地捕捉这些点。

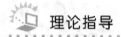

理论指导

"对象捕捉"工具栏如图 3-1 所示。激活对象捕捉有两种模式。

图 3-1 "对象捕捉"工具栏

1．临时对象捕捉

在命令操作过程中，当需要使用某种特定对象捕捉时，临时单击相应对象捕捉模式，捕捉到这个点后，单击鼠标左键，对象捕捉模式就自动关闭。单击某个捕捉功能仅能使用一次，下次使用时需再次单击。

2．自动对象捕捉

绘图时，可以根据需要事先设置对象捕捉模式，绘图时能自动捕捉这些特殊点，从而加快绘图速度，提高绘图质量。设置对象捕捉模式，可以使用下列方法之一。

（1）菜单："工具"→"绘图设置…"。

（2）"对象捕捉"快捷菜单：选择 🔒。

（3）状态栏：右击"对象捕捉"，在弹出的菜单中选择"设置…"。

（4）命令行：Osnap 或 Ddosnap。

执行上述操作后，系统将打开"草图设置"对话框的"对象捕捉"选项卡，如图 3-2 所示。

在"对象捕捉"选项卡中设置物体捕捉的默认方式。若状态行中的对象捕捉处于打开状态，设置的特殊点的捕捉就一直可用，直到对象捕捉关闭，捕捉才结束。这样，在操作过程中，若需要某特殊点时，将光标放在其接近位置上，捕捉自动寻找。使用此种模式，要求分清每种捕捉模式的图标，并在正确的捕捉标记出现后按左键确认。图 3-2 中对象捕捉模式功能说明如下。

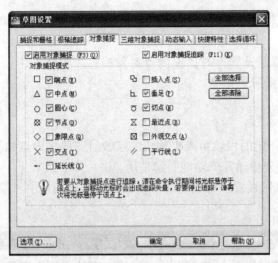

图 3-2 "草图设置"对话框的"对象捕捉"选项卡

（1）端点：线段或圆弧的端点。

（2）中点：线段或圆弧的中点。

（3）圆心：圆或圆弧的圆心。

（4）节点：捕捉用 Point 或 Divide 等命令生成的点。

（5）象限点：距光标最近的圆或圆弧上可见部分的象限点，即圆周上 0°、90°、180°、270° 位置上的点。

（6）交点：线、圆弧或圆等的交点。

（7）延长线：指定对象的延伸线。

（8）插入点：文本对象和图块的插入点。

（9）垂足：在线段、圆、圆弧或它们的延长线上捕捉一个点，使之和最后生成的点的连线与该线段、圆或圆弧正交。

（10）切点：最后生成的一个点到选中的圆或圆弧上引切线的切点位置。

（11）最近点：离拾取点最近的线段、圆、圆弧等对象上的点。

（12）外观交点：图形对象在视图平面上的交点。

（13）平行线：绘制与指定对象平行的图形对象。

3.1.2 自动追踪

自动追踪可以对齐路径，以精确的位置和角度创建对象。自动追踪功能分为两种，即对象捕捉追踪和极轴追踪。

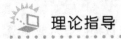 理论指导

1. 对象捕捉追踪

"对象捕捉追踪"是指以捕捉到特殊位置点为基点，按指定的极轴角或极轴角的倍数对

齐要指定点的路径。"对象捕捉追踪"必须配合"对象捕捉"功能和"对象追踪"功能一起使用。

设置方法：在"草图设置"对话框的"对象捕捉"选项卡中，选中"启用对象捕捉追踪"复选框。如图3-2所示。

2．极轴追踪

"极轴追踪"是按指定的极轴角或极轴角的倍数对齐要指定点的路径。"极轴追踪"必须配合"极轴"功能和"对象追踪"功能一起使用。

设置方法：在"草图设置"对话框的"极轴追踪"选项卡中，选中"启用极轴追踪"复选框，如图3-3所示。

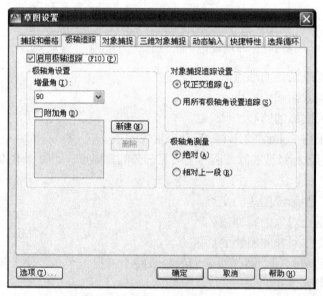

图3-3 "草图设置"对话框的"极轴追踪"选项卡

选项说明如下：

（1）"极轴角设置"选项组用于设置极轴角的值。可以在"增量角"下拉列表框中选择一种角度值。也可选中"附加角"复选框，单击"新建"按钮设置任意附加角。系统在进行极轴追踪时，同时追踪增量角和附加角，可以设置多个附加角。

（2）"对象捕捉追踪设置"和"极轴角测量"选项组控制按界面提示设置相应单选选项。

3.1.3 栅格与捕捉

栅格是显示在绘图区域上的可见网格，好像坐标纸一样。用户可以控制显示或隐藏，可以改变点与点的间距。绘图时利用栅格可以掌握图形的尺寸大小和视图的位置。栅格与捕捉配合使用，对于提高绘图精度有重要作用。栅格只是绘图的辅助工具，不是图形的一部分，不会被打印。

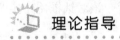

理论指导

控制栅格显示及设置栅格参数在"草图设置"对话框的"捕捉和栅格"选项卡中，如图 3-4 所示。

选项说明如下：

（1）"启用栅格"复选框控制是否显示栅格。

（2）"启用捕捉"复选框控制是否捕捉栅格。

（3）"X 轴间距"和"Y 轴间距"文本框用于控制捕捉或栅格在水平和垂直方向的间距。

（4）"极轴间距"只有在选择"极轴捕捉"类型时才可用，即在"极轴距离"文本框中输入距离值。

（5）"捕捉类型"选项组中"矩形捕捉"用于画平面图，"等轴测捕捉"用于画正轴测图。

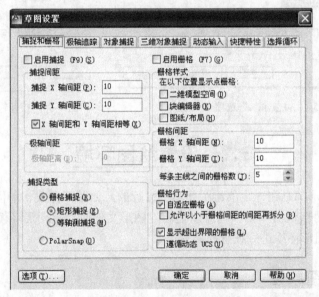

图 3-4 "草图设置"对话框的"捕捉和栅格"选项卡

3.1.4 动态输入

动态输入功能可以在绘图平面直接动态地输入绘制对象的各种参数，使绘图变得直观简捷。

理论指导

设置动态输入要使用"草图设置"对话框的"动态输入"选项卡，如图 3-5 所示。

选项说明如下：

（1）启用指针输入复选框控制是否打开动态输入的指针输入功能。

（2）"设置…"按钮单击可以打开"指针输入设置"对话框，如图 3-6 所示，可以设置指针输入的格式和可见性。

注：快捷键 F12 或状态栏 ⊞ 按钮可以控制动态输入功能的开关状态。

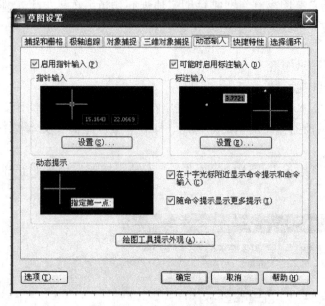

图 3-5 "动态输入"选项卡

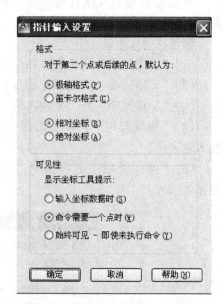

图 3-6 "指针输入设置"对话框

<h2>3.2 设置绘图环境</h2>

AutoCAD 的图形都是在一定的绘图环境下进行的，如图形界限、单位、角度单位和精度等。绘图时可以使用默认的环境，也可以在新建图形文件时设置图形环境。在绘图过程中，还可以根据需要对图形环境进行设置和修改。

3.2.1 设置绘图单位

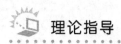 理论指导

执行"单位"命令，可以使用下列方法之一。

（1）菜单："格式"→"单位"。

（2）命令行：Ddunits（或 Units）。

执行上述命令后，系统打开"图形单位"对话框，如图 3-7 所示。该对话框用于定义单位和角度的样式。

对话框中各选项功能说明如下：

（1）"长度"与"角度"选项组用于指定测量的长度与角度当前单位及当前单位的精度。

（2）"插入时的缩放单位"选项组控制使用工具选项板拖入当前图形的块的测量单位。

（3）"光源"选项组控制当前图形中光度控制光源的强度测量单位。

（4）"方向"按钮单击后可打开"方向控制"对话框，如图 3-8 所示。可以在该对话框中进行方向控制设置。

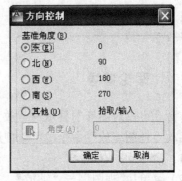

图 3-7 "图形单位"对话框　　　　图 3-8 "方向控制"对话框

3.2.2　设置图形界限

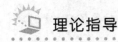 理论指导

启动"图形界限"命令，可以使用下列方法之一。

（1）菜单："格式"→"图形界限"。

（2）命令行：Limits

命令行提示如下：

　　命令：_limits

　　重新设置模型空间界限：

　　指定左下角点或 [开(ON)/关(OFF)] <0.0000,0.0000>:（输入图形边界左下角的坐标后回车）

　　指定右上角点 <420.0000,297.0000>:（输入图形边界右上角的坐标后回车）

提示各选项的意义如下。

（1）开（ON）：打开界限检查，使绘图边界有效。系统将把绘图边界以外拾取的点视为无效，无法输入。

（2）关（OFF）：关闭界限检查，使绘图边界无效。用户可以在绘图边界以外拾取点，但

是保持当前的界限值用于下一次打开界限检查。

　　注：重新设置图形界限后，可以用"窗口缩放（ZOOM）"命令的"全部（A）"选项，使设置的图形界限全屏显示，也可以利用"栅格"显示。

3.3　图形显示控制

　　在绘图的过程中，有时需要绘制细部结构，而有时又要看图形的全貌，因为受到视窗显示大小的限制，需要频繁地缩放或移动绘图区域。因此，系统提供了视图缩放功能，控制图形显示的大小，从而方便地绘制出各种大大小小的图形。

3.3.1　窗口缩放

理论指导

　　该命令可以对图形的显示进行放大或缩小，而对图形的实际尺寸不产生任何影响。

　　启动"视图缩放"命令，可以使用下列方法之一。

　　（1）命令行：ZOOM。

　　（2）菜单："视图"→"缩放"。

　　（3）工具栏："标准"→ 🔍 🔍 🔍

　　执行上述命令后，命令行提示如下：

　　　　命令: Zoom

　　　　指定窗口的角点，输入比例因子 (nX 或 nXP)，或者

　　　　[全部(A)/中心(C)/动态(D)/范围(E)/上一个(P)/比例(S)/窗口(W)/对象(O)] <实时>:

　　各选项的含义说明如下。

　　（1）实时缩放（R） 🔍：通过按住并移动鼠标，对当前视图进行缩放。上移是放大，下移是缩小。松开拾取键时缩放终止。

　　（2）窗口缩放（W） 🔍：缩放显示由两个角点定义的矩形窗口框定的区域。

　　（3）缩放上一个（P） 🔍：缩放显示上一个视图。最多可恢复此前的 10 个视图。

　　（4）动态缩放（D） 🔍：缩放显示在视图框中的部分图形，可以实现动态缩放及平移两个功能。

　　视图框表示视口，可以改变它的大小，或在图形中移动。移动视图或调整它的大小，将其中的图像平移或缩放，以充满整个视口。

　　首先显示平移视图框。将其拖动到所需位置并单击，继而显示缩放视图框。调整其大小然后按回车键进行缩放，或单击以返回平移视图框。按回车键用当前视图框中的区域布满当前视口。

　　（5）比例缩放（S） 🔍：按照输入的比例，以当前视图中心为中心缩放视图。

　　（6）圆心缩放（C） 🔍：系统按照用户指定的中心点、比例或高度进行缩放。

（7）缩放对象 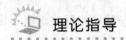：缩放以便尽可能大地显示一个或多个选定的对象并使其位于绘图区域的中心。

（8）放大 ：默认情况下，放大2倍。

（9）缩小 ：默认情况下，缩小一半。

（10）全部缩放 ：以绘图范围显示全部的图形。

（11）范围缩放 ：选择此选项，使图形充满屏幕。与全部缩放不同的是，范围缩放仅针对图形范围，而不是绘图范围。

3.3.2　重画与重生成

理论指导

重画与重生成都是重新显示图形，但两者的本质不同。重画仅仅是重新显示图形，而重生不但重新显示图形，而且将重新生成图形数据，速度上较前者更慢。

1．重画

（1）命令行：Redrawall。

（2）菜单："视图"→"重画"。

执行该命令后，将从屏幕中删除在绘图过程中留下的点标记痕迹，使图形显得整洁清晰。

2．重生成

（1）命令行：Regen。

（2）菜单："视图"→"重生成"。

执行该命令后，在当前视口中重生成整个图形并重新计算所有对象的屏幕坐标，并且重新创建图形数据库索引，从而优化了显示性能。

技能训练

【例3-1】　利用绘图辅助工具完成如图3-9所示图形。

（1）设置。在"草图设置"对话框的"捕捉和栅格"选项卡（如图3-4所示），选中"PolarSnap"（即极轴捕捉）单选框，并将极轴距离设置为"1"；在"极轴追踪"选项卡中（如图3-3所示），选中"用所有极轴角设置追踪" 单选框。在绘图窗口中，单击状态栏"捕捉"、"极轴"、"对象捕捉"、"对象追踪"、"动态输入"按钮，启动捕捉、追踪和动态输入功能。

（2）绘辅助线。

① 用"构造线"命令绘制一条水平和一条垂直构造

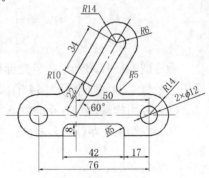

图3-9　支架平面图

线，交点为O，如图3-10（a）所示。

② 执行"射线"命令，利用"极轴"、"动态输入"绘制60°射线，如图 3-10（b）所示。

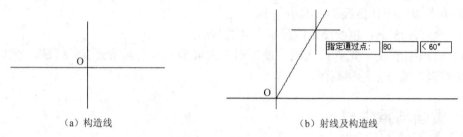

| （a）构造线 | （b）射线及构造线 |

图3-10　作图辅助线

（3）绘制直径 12 的圆。执行"圆"命令，光标移到 O 处，向左移动光标，这时显示一条追踪线，当光标显示"交点：26.0000<180°"时可确定圆心位置，如图 3-11（a）所示。确定圆心后移动光标，当光标显示"极轴：6.0000<$X°$"（X 代表任意角度）时，单击鼠标左键，即可确定圆的半径值，创建半径为 6 的圆，如图 3-11（b）所示。

| （a）确定圆心 | （b）确定半径 |

图3-11　作图一

（4）绘制半径 14 的圆。执行"圆"命令，光标移到直径 12 圆处捕捉其圆心并单击，确定圆心位置，如图 3-12（a）所示。

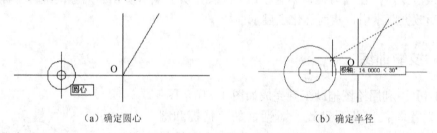

| （a）确定圆心 | （b）确定半径 |

图3-12　作图二

确定圆心后移动光标，当光标显示"极轴：14.0000<$X°$"时，单击鼠标左键，即可确定圆的半径值。即创建半径为 14 的圆，如图 3-12（b）所示。

（5）利用极轴追踪、动态输入绘制其他圆，如图3-13所示。

（6）绘制所有定位圆，并执行"直线"、"构造线"命令完成直线、斜线的绘制，如图3-14所示。

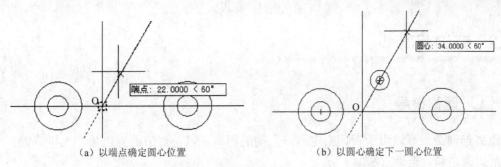

(a) 以端点确定圆心位置　　　　　　　　(b) 以圆心确定下一圆心位置

图 3-13　作图三

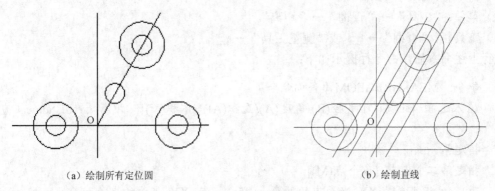

(a) 绘制所有定位圆　　　　　　　　　　(b) 绘制直线

图 3-14　作图四

（7）绘制相切圆，并完成其余部分的编辑。最终完成图形。

3.4 信息查询

在 AutoCAD 中，查询是进行设计的重要的辅助工具，可以利用查询命令测量距离、面积、角度等。

3.4.1 查询点坐标

理论指导

点坐标查询命令可以查询指定点在当前 UCS 坐标系下的 X、Y、Z 坐标值。查询方法如下。

（1）命令行：ID↓。

（2）菜单："工具"→"查询"→"点坐标"。

（3）工具栏："查询" → 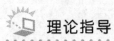。

执行上述命令后，命令行提示如下：

命令：ID

指定点：X = 3106.3060　　Y = 123.1789　　Z = 0.0000（捕捉的是屏幕上的一任意点）

3.4.2 查询距离

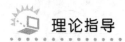 理论指导

距离查询命令可以用于查询指定两点之间的距离，以及对应的方位角，也可查询多个点之间的距离之和。查询方法如下。

（1）命令行：DIST（DI）↓。

（2）菜单："工具"→"查询"→"距离"。

（3）工具栏："查询"→▦ 或"测量工具"→▦。

执行上述命令后，命令行提示如下：

命令：_MEASUREGEOM（查询命令）

输入选项 [距离(D)/半径(R)/角度(A)/面积(AR)/体积(V)] <距离>: _distance（查询距离）

指定第一点：

指定第二个点或 [多个点(M)]:

距离 = 42.4264，XY 平面中的倾角 = 45，　与 XY 平面的夹角 = 0

X 增量 = 30.0000，　Y 增量 = 30.0000，　Z 增量 = 0.0000（捕捉的是屏幕上一段直线的两个端点）

输入选项 [距离(D)/半径(R)/角度(A)/面积(AR)/体积(V)/退出(X)] <距离>: X

3.4.3 查询面积

 理论指导

面积查询命令可以计算多种对象的面积和周长，还可以使用加模式或减模式计算组合的面积。查询方法如下。

（1）命令行：AREA↓。

（2）菜单："工具"→"查询"→"面积"。

（3）工具栏："查询"→▱。

执行上述命令后，命令行提示如下：

命令：_MEASUREGEOM

输入选项 [距离(D)/半径(R)/角度(A)/面积(AR)/体积(V)] <距离>: _area

指定第一个角点或 [对象(O)/增加面积(A)/减少面积(S)/退出(X)] <对象(O)>:

指定下一个点或 [圆弧(A)/长度(L)/放弃(U)]:

指定下一个点或 [圆弧(A)/长度(L)/放弃(U)]:

指定下一个点或 [圆弧(A)/长度(L)/放弃(U)/总计(T)] <总计>:

指定下一个点或 [圆弧(A)/长度(L)/放弃(U)/总计(T)] <总计>:↓（角点选择结束）

区域 = 5000.0000，周长 = 300.0000

输入选项 [距离(D)/半径(R)/角度(A)/面积(AR)/体积(V)/退出(X)] <面积>: x

3.4.4 查询角度

 理论指导

角度查询命令可以测量指定圆弧、圆、直线或顶点的角度。查询方法如下。

（1）命令行：ANGLE↓。

（2）菜单："工具"→"查询"→"角度"。

（3）工具栏："查询"→ 。

执行上述命令后，命令行提示如下：

命令: _MEASUREGEOM

输入选项 [距离(D)/半径(R)/角度(A)/面积(AR)/体积(V)] <距离>: _angle

选择圆弧、圆、直线或 <指定顶点>:

选择第二条直线:

角度 = 30°

输入选项 [距离(D)/半径(R)/角度(A)/面积(AR)/体积(V)/退出(X)] <角度>: x

3.4.5 查询时间

理论指导

时间查询命令可以显示图形的日期和时间的统计结果。该命令是使用计算机系统时钟来完成时间查询功能的。查询方法如下。

（1）命令行：TIME↓。

（2）菜单："工具"→"查询"→"时间"。

执行上述命令后，系统显示如下：

命令: TIME

当前时间:　　　　　　　　　　2013 年 2 月 16 日星期六　11:32:09:250

此图形的各项时间统计:

　创建时间:　　　　　　　　　2013 年 2 月 16 日星期六　10:32:07:765

　上次更新时间:　　　　　　　2013 年 2 月 16 日星期六　10:32:07:765

　累计编辑时间:　　　　　　　0 days 01:00:01:562

　消耗时间计时器 (开)　　　　0 days 01:00:01:500

　下次自动保存时间:　　　　　<尚未修改>

输入选项 [显示(D)/开(ON)/关(OFF)/重置(R)]: off

关闭计时器。

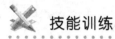
技能训练

【例3-2】 利用所学查询命令，查询如图3-15所示房间的使用面积。

具体操作步骤如下：

（1）利用绘图命令绘制如图3-15所示房间平面图。

（2）执行面积查询命令，查询房间的面积。在执行过程中，根据命令依次选择查询范围的各个角点，如图3-16所示。

（3）重复执行上一步骤，查询另一个房间的面积。

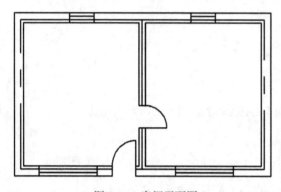

图3-15 房间平面图

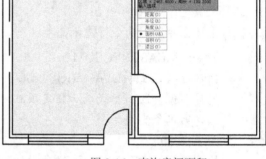

图3-16 查询房间面积

拓展技能实训

根据本章内容完成如图3-17、图3-18所示图形。

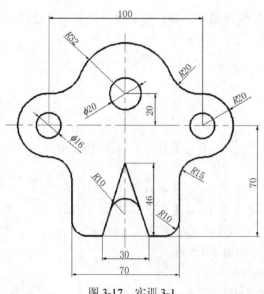

图3-17 实训3-1

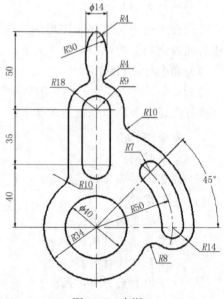

图3-18 实训3-2

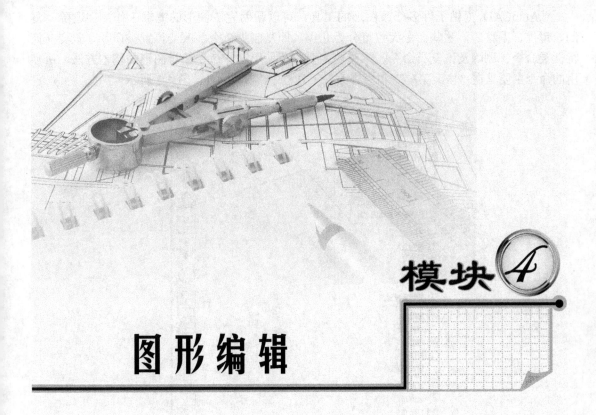

模块 4

图形编辑

目标任务

➢ 掌握复制图形的方法。

➢ 掌握改变图形位置的方法。

➢ 掌握修改图形方法。

AutoCAD 提供了许多修改图形的工具，可以帮助完成图形的编辑工作，如删除、复制、镜像、偏移等，这些命令大致可分为几类，即复制类命令、改变位置类命令、改变几何特性类命令、删除及恢复类命令。本模块主要介绍使用这些命令编辑图形的基本方法，所使用的命令主要是在"修改菜单"和"修改"工具栏中，如图4-1、图4-2所示。

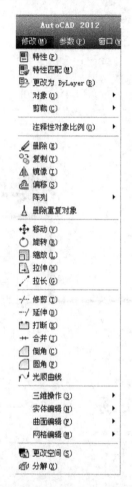 

图 4-1 "修改"菜单 　　　　　　　图 4-2 "修改"工具栏

4.1 复制类命令

这类命令的共性都是在使用过程中在源对象的基础上生成目标对象，并且不改变源对象的特性。

4.1.1 复制

将选择的实体对象做一次或多次复制。

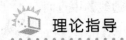 理论指导

执行"复制"命令，提示和一般操作过程如下：

命令：_copy
选择对象：（选择要复制的对象）
选择对象：↓（回车结束选择操作）
当前设置：复制模式 = 多个
指定基点或 [位移(D)/模式(O)] <位移>：
指定第二个点或 [阵列(A)] <使用第一个点作为位移>：
指定第二个点或 [阵列(A)/退出(E)/放弃(U)] <退出>：
指定第二个点或 [阵列(A)/退出(E)/放弃(U)] <退出>：

提示各选项的意义如下。

（1）指定基点：即指定基准点，使用由基点及第二点指定的距离和方向复制对象。指定的两点定义一个矢量，指示复制的对象移动的距离和方向。

（2）位移（D）：使用坐标指定相对距离和方向。

（3）模式（O）：控制复制模式选项"单个（S）"还是"多个复制（M）"。

（4）阵列（A）：在指定位移方向上对源对象进行指定个数的阵列。有默认模式和布满模式，如图4-3、图4-4所示。

图4-3 默认模式

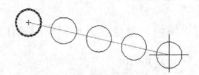

图4-4 布满模式

 技能训练

【例4-1】 绘制如图4-5所示图形。

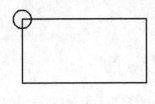

（a）

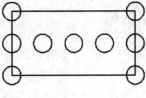

（b）

图4-5 复制对象

绘图方法及步骤如下：

（1）利用"矩形"命令与"圆"命令绘制一个矩形和一个圆，如图4-5（a）所示。

（2）利用"复制"中的"多个"模式将圆复制到其余三个顶点和左侧边线的中点处。

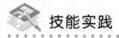
（3）利用"复制"中的"阵列"的"布满"命令将圆布满在左右边线的中点间。

技能实践

利用"复制"命令完成如图 4-6 所示图形。

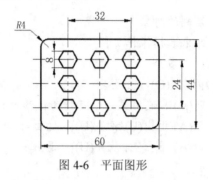

图 4-6　平面图形

4.1.2　镜像

绕指定轴翻转对象创建对称的镜像图像。镜像操作完成后，可以保留源对象，也可以将其删除。

理论指导

执行"镜像"命令，提示和一般操作过程如下：

> 命令：_mirror
> 选择对象：（选择要镜像的对象）
> 选择对象：↓（结束对象选择）
> 指定镜像线的第一点：指定镜像线的第二点：（指定镜像线的起点和终点）
> 要删除源对象吗？[是(Y)/否(N)] <N>：（确定是否删除选择的源对象）

由镜像线的第一点和第二点确定一条镜像线，被选择的对象以该线为对称轴进行镜像。

技能训练

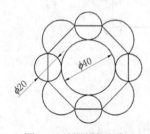

图 4-7　平面图形示例

【例 4-2】　绘制如图 4-7 所示图形。

绘图方法及步骤如下：

（1）绘图区任取一点绘制直径为 40 的圆。绘制左侧直径为 20 的圆，启用对象捕捉追踪功能确定圆心位置，以直径为 40 的圆的圆心为捕捉对象往左移动光标，出现极轴线输入 30 即可。

（2）利用镜像命令及大圆上下象限点连线为镜像线，镜像左侧小圆得到右侧小圆。以左侧小圆的上象限点为基点复制左侧小圆到大圆的下象限点处。将下小圆镜像得到上小圆。

（4）利用直线命令及象限点捕捉功能绘制各段直线。

（5）利用"起点、圆心、端点"方式绘制一段圆弧。利用镜像命令绘制另三段圆弧，完成全图。

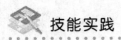 **技能实践**

利用"镜像"命令完成如图 4-8 所示图形。

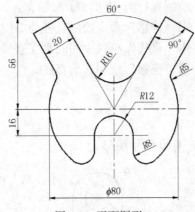

图 4-8　平面图形

4.1.3　偏移

创建与选定的图形对象平行的新对象。可以创建偏移图形的对象有：直线、圆（弧）、椭圆（弧）、二维多段线和样条曲线等。偏移圆或圆弧可以创建更大或更小的圆或圆弧，其大小取决于向哪一侧偏移。

 理论指导

执行"偏移"，命令行提示：

命令: _offset
当前设置: 删除源=否　图层=源　OFFSETGAPTYPE=0
指定偏移距离或 [通过(T)/删除(E)/图层(L)] <通过>: （输入偏移距离）↓
选择要偏移的对象，或 [退出(E)/放弃(U)] <退出>:
指定要偏移的那一侧上的点，或 [退出(E)/多个(M)/放弃(U)] <退出>:
……
选择要偏移的对象，或 [退出(E)/放弃(U)] <退出>: ↓

提示的各选项的意义如下。

（1）当前设置：默认偏移时不删除源对象，在源图层上偏移，Offsetgaptype 系统变量用于控制闭合二维多段线偏移时导致线段间存在潜在间隔的闭合方式。

（2）通过（T）：指定偏移的通过点。

 技能训练

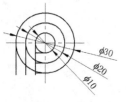

图 4-9　挡圈

【例 4-3】　绘制如图 4-9 所示图形。

绘图方法及步骤如下：

（1）绘制中心线。

（2）绘制直径为 30 的圆。

（3）用"偏移"命令绘制直径为 20、10 的圆。

（4）用"直线"绘制中间的水平直线和竖直直线。

（5）用"偏移"绘制其余直线。

 技能实践

利用"偏移"命令完成如图 4-10 所示图形。

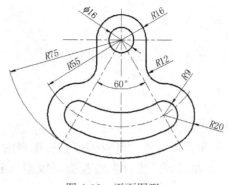

图 4-10　平面图形

4.1.4　阵列

对选定的图形进行有规律的多个复制。可分为矩形阵列、环形阵列、路径阵列。

理论指导

1．矩形阵列

创建矩形阵列时，通过指定行、列和层的数量以及间距，可以控制阵列中的副本数量，通过添加层还可以生成三维阵列对象。用户还可以通过动态预览快速获得阵列效果。在移动光标时，程序还可以添加或减少阵列中的行数、列数及行间距、列间距。默认阵列层数为 1。

执行"矩形阵列"，命令行提示如下：

命令:_arrayrect

选择对象: 找到　1　个

选择对象：↓

类型 ＝ 矩形　关联 ＝ 是

为项目数指定对角点或 [基点(B)/角度(A)/计数(C)] <计数>：↓（直接回车进行项目计数）

输入行数或 [表达式(E)] <4>：（输入行数）↓

输入列数或 [表达式(E)] <4>：（输入列数）↓

指定对角点以间隔项目或 [间距(S)] <间距>：↓（直接回车定义间距）

指定行之间的距离或 [表达式(E)] <1>：（输入行间距）↓

指定列之间的距离或 [表达式(E)] <1>：（输入列间距）↓

按 Enter 键接受或 [关联(AS)/基点(B)/行(R)/列(C)/层(L)/退出(X)] <退出>：↓（结束绘制）

注：阵列生成的对象和源对象一起成为一个新的对象，必须分解后才能进行单独编辑。

2. 路径阵列

创建路径阵列，可以控制源对象沿指定路径进行阵列。路径可以是直线、多段线、圆弧、样条曲线等。当用户修改阵列路径时，阵列对象随之改变，但对象数量和间距不变。如果路径太短，计数会自动调整。

执行"路径阵列"，命令行提示所下：

命令：_arraypath

选择对象：找到 1 个

选择对象：↓

类型 ＝ 路径　关联 ＝ 是

选择路径曲线：（选择阵列的路径）

输入沿路径的项数或 [方向(O)/表达式(E)] <方向>：（指定阵列数量）↓

指定沿路径的项目之间的距离或 [定数等分(D)/总距离(T)/表达式(E)] <沿路径平均定数等分(D)>：（指定阵列间距）↓

按 Enter 键接受或 [关联(AS)/基点(B)/项目(I)/行(R)/层(L)/对齐项目(A)/Z 方向(Z)/退出(X)] <退出>：↓（结束绘制）

3. 环形阵列

环形阵列能够以任一点为阵列中心点，将源对象以圆周或扇形的方向进行阵列。

执行"环形阵列"，命令行提示如下：

命令：_arraypolar

选择对象：找到 1 个

选择对象：↓

类型 ＝ 极轴　关联 ＝ 是

指定阵列的中心点或 [基点(B)/旋转轴(A)]：（单击环形阵列对象的中心点）

输入项目数或 [项目间角度(A)/表达式(E)] <4>：（指定阵列对象数量）↓

指定填充角度(+=逆时针、-=顺时针)或 [表达式(EX)] <360>：（指定环形阵列填充角度）↓

按 Enter 键接受或 [关联(AS)/基点(B)/项目(I)/项目间角度(A)/填充角度(F)/行(ROW)/层(L)/旋转项目(ROT)/退出(X)] <退出>:↓（结束绘制）

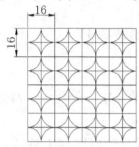

图4-11 几何图案

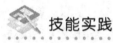 技能训练

【例4-4】 绘制如图4-11所示图形。

绘图方法及步骤如下：

（1）绘制单一图形对象，其中的1/4圆弧利用了环形阵列。

（2）对单一图形对象进行矩形阵列。

（3）完成包含环形、矩形的阵列。

技能实践

利用"阵列"命令完成如图4-12所示图形的绘制。

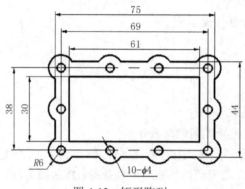

图4-12 矩形阵列

4.2 改变位置类命令

改变位置类编辑命令的功能，是按照指定要求改变当前图形或图形某部分的位置，主要包括移动、旋转和缩放等命令。

4.2.1 移动

在指定方向上按指定距离移动对象。

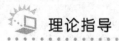 理论指导

执行"移动"命令，命令行提示如下：

命令: _move
选择对象: 找到 1 个
选择对象: ↙
指定基点或 [位移(D)] <位移>:
指定第二个点或 <使用第一个点作为位移>:

各选项功能与 Copy 命令相关选项功能相同。所不同的是对象被移动后，原位置处的对象消失。

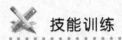 技能训练

【例 4-5】 绘制如图 4-13 所示图形。

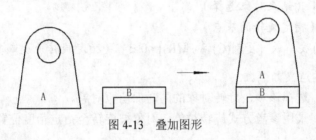

图 4-13 叠加图形

绘图方法及步骤如下:

利用"移动"命令，选择 A 图为移动对象，指定 A 图的左下角作为基点，指定 B 图的左上角作为第二点，得到 A、B 图的叠加。

 技能实践

利用"复制"命令完成如图 4-14 所示图形的绘制。

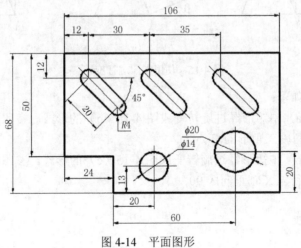

图 4-14 平面图形

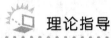
4.2.2　旋转

绕指定基点旋转图形中的对象。

理论指导

执行"旋转"命令,命令行提示如下:

命令: _rotate
UCS 当前的正角方向: ANGDIR=逆时针　ANGBASE=0
选择对象:(选择要旋转的对象)
选择对象:↓(结束对象选择)
指定基点:(指定旋转的基点)
指定旋转角度,或 [复制(C)/参照(R)] <0>:(指定旋转角度或其他选项)

提示的各选项的意义如下。

(1)复制(C):选择该项,旋转对象的同时保留原对象。

(2)参照(R):采用参考方式旋转对象,对象被旋转至指定角度位置。

技能训练

【例4-6】　绘制如图4-15所示图形。

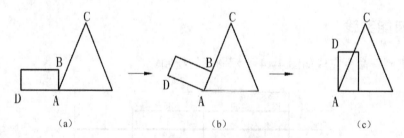

图 4-15　使用参照进行旋转

绘图方法及步骤如下:

(1)将图4-15(a)中矩形经过旋转变成图4-15(b)的形式。参照旋转以A点为基准,参照角为从AB到新角度三角形的C点。

(2)将图4-15(b)中矩形经过旋转变成图4-15(c)的形式。参照旋转以A点为基准,参照角为将AD旋转到与X轴正向成90°。

技能实践

利用"旋转"命令完成如图4-16所示图形绘制。

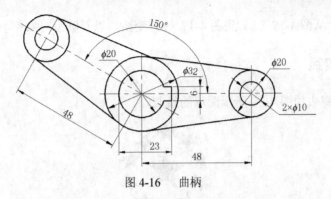

图 4-16　曲柄

4.2.3　缩放

在 X、Y 和 Z 方向按比例放大或缩小对象。

 理论指导

执行"缩放"命令，命令行提示如下：

> 命令：_scale
> 选择对象：（选择要缩放的对象）
> 选择对象：↓
> 指定基点：（指定缩放操作的基点）
> 指定比例因子或 [复制(C)/参照(R)]：（指定缩放比例）↓

注：使用缩放功能，需要指定基点和比例因子。基点将作为缩放操作的中心，并保持静止。指定的基点表示选定对象的大小发生改变时位置保持不变的点。比例因子大于 1 时，将放大对象；比例因子介于 0 和 1 之间时，将缩小对象。另外，用户还可以通过拖动光标使对象放大或缩小。

 技能训练

【例 4-7】　绘制如图 4-17 所示图形。

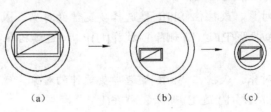

（a）　　　　　　　（b）　　　　　　（c）

图 4-17　图形缩放

绘图方法提示：

从图 4-17（a）到图 4-17（b）变换，以矩形和内圆的交点为基点，以矩形和直线为对象

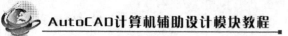

缩小为原来的 0.5；从图 4-17（b）到图 4-17（c）变换，以双圆为对象缩小为原来的 0.5。

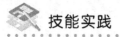 **技能实践**

利用所学命令完成如图 4-18 所示图形的绘制。

图 4-18　平面图形

4.3　修改图形类命令

这一类编辑命令在对指定对象进行编辑后，被编辑对象的几何特性会发生改变。包括修剪、延伸、拉伸、拉长、倒角、圆角、打断、合并、分解等。

4.3.1　修剪

在指定剪切边界后，可连续选择被切边进行修剪。

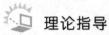 **理论指导**

执行"修剪"命令，命令行提示如下：

命令: _trim↓
当前设置:投影=UCS，边=无
选择剪切边…
选择对象或 <全部选择>: 找到 1 个↓（选择边界）
选择对象: 找到 1 个，总计 2 个↓
选择对象: ↓（结束选择边界）
选择要修剪的对象，或按住 Shift 键选择要延伸的对象，或
[栏选(F)/窗交®/投影(P)/边(E)/删除®/放弃(U)]: ↓（连续拾取要修剪的对象)
…
选择要修剪的对象，或按住 Shift 键选择要延伸的对象，或
[栏选(F)/窗交®/投影(P)/边(E)/删除®/放弃(U)]: ↓

注：若要快速修剪，可用修剪→空白位置单击鼠标右键→用拾取靶拾取要修剪的对象。

技能训练

【例 4-8】 绘制如图 4-19 所示表格。

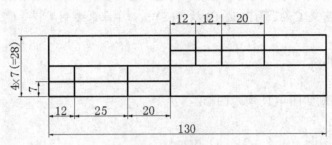

图 4-19 标题栏

绘图方法及步骤如下：

（1）利用"直线"、"偏移"命令完成基础表格的绘制。

（2）利用"修剪"命令的"边界法"或"快速修剪法"对表格进行修剪。

技能实践

利用所学命令完成如图 4-20 所示图形绘制。

图 4-20 平面图形

4.3.2 延伸

将直线、圆弧、多段线等对象的端点延长到指定的边界。

理论指导

执行"延伸"命令，命令行提示如下：

命令: _extend

当前设置:投影=UCS，边=无

选择边界的边...

选择对象或 <全部选择>: （选择边界对象）

选择对象:↓

选择要延伸的对象，或按住 Shift 键选择要修剪的对象，或

[栏选(F)/窗交(C)/投影(P)/边(E)/放弃(U)]:（选择要延伸的对象）

选择要延伸的对象，或按住 Shift 键选择要修剪的对象，或

[栏选(F)/窗交(C)/投影(P)/边(E)/放弃(U)]:↓（结束绘制）

✖ 技能训练

【例 4-9】 绘制如图 4-21 所示图形。

绘图方法提示：

（1）绘制基本图形（如图 4-21（a）所示）。

（2）以大矩形的左侧边为边界，小矩形的上下边为延伸对象进行延伸得到如图 4-21（b）所示图形。

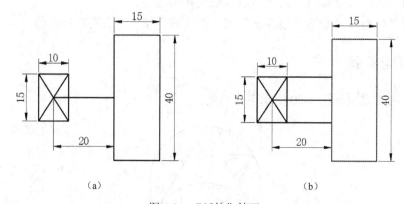

图 4-21 "延伸"练习

❖ 技能实践

由图 4-21"延伸"得到如图 4-22 所示图形。

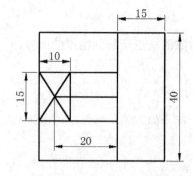

图 4-22 "延伸"修改平面图形

4.3.3 拉伸

按指定的方向和角度拉长或缩短对象，使对象的形状发生改变。

 理论指导

执行"拉伸"命令，命令行提示如下：

命令：_stretch
以交叉窗口或交叉多边形选择要拉伸的对象…
选择对象：指定对角点：（选择交叉窗口方式选择要拉伸的对象）
选择对象：↓
指定基点或 [位移(D)] <位移>：（指定要拉伸的起点）
指定第二个点或 <使用第一个点作为位移>：（指定要拉伸到的终点）

 技能训练

【例 4-10】 绘制如图 4-23 所示图形。

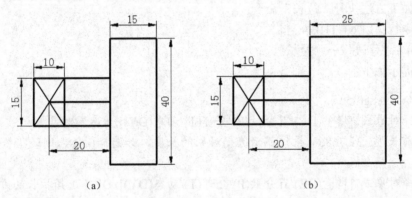

（a）　　　　　　　　　　　　（b）

图 4-23 "拉伸"练习

绘图方法提示：

用交叉窗口选择大矩形上下及右侧边线，以图形内任一点为基点，光标水平右移输入 10。

 技能实践

由图 4-23 "拉伸"得到如图 4-24 所示图形。

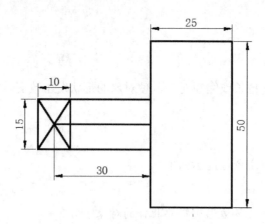

图 4-24 "拉伸"修改平面图形

4.3.4 拉长

改变原图形的长度,将原图形拉长或缩短。

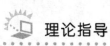 **理论指导**

可采用如下方法执行"拉长"命令:

(1) 命令行:LENGTHEN。

(2) 菜单:"修改"→"拉长"。

命令行提示如下:

> 命令:_lengthen
>
> 选择对象或 [增量(DE)/百分数(P)/全部(T)/动态(DY)]:(选定对象)
>
> 当前长度: 32.7686(系统显示选定对象的长度,如选择圆弧,则还将给出圆弧的包含角)
>
> 选择对象或 [增量(DE)/百分数(P)/全部(T)/动态(DY)]: DE(选择拉长的方式)
>
> 输入长度增量或 [角度(A)] <0.0000>:(输入长度增量值。如选圆弧,则可选 A 给角度增量。)
>
> 选择要修改的对象或 [放弃(U)]:(选择要修改的对象,进行拉长)
>
> 选择要修改的对象或 [放弃(U)]:(继续选择,回车结束)

提示的各选项的意义如下。

(1) 增量(DE):用指定增加量的方法改变对象。长度或角度增加量可正可负。

(2) 百分数(P):用指定占总长度百分比的方法改变对象。小于 100 为缩短,大于 100 为拉长。

(3) 全部(T):用指定新的长度或总角度值的方法来改变对象。

(4) 动态(DY):动态拖拉模式,可用拖拉鼠标的方法来动态地改变对象。

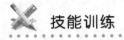

【例4-11】 绘制如图4-25所示图形。

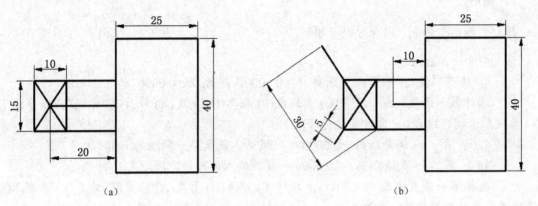

图4-25 "拉长"练习

绘图方法提示：

由图4-25（a）到图4-25（b），共有三条线段发生改变，其中一段的增量为5，一段百分数是原来的50，一段总长是30。

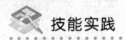

图4-25（a）"拉长"得到如图4-26所示图形。

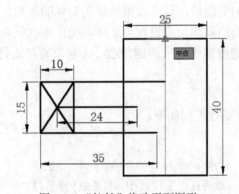

图4-26 "拉长"修改平面图形

4.3.5 倒角、圆角

用斜线连接两个不平行的线型对象；通过一个指定半径圆弧平滑连接两个对象。

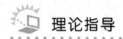 理论指导

1. 倒角

执行"倒角"命令,命令行提示如下:

> 命令:_chamfer
> ("修剪"模式) 当前倒角距离 1 = 0.0000,距离 2 = 0.0000
> 选择第一条直线或 [放弃(U)/多段线(P)/距离(D)/角度(A)/修剪(T)/方式(E)/多个(M)]:
> D (系统默认倒角距为 0,需对其进行修改) ↓
> 指定 第一个 倒角距离 <0.0000>: (需输入倒角第一段距离) ↓
> 指定 第二个 倒角距离 <10.0000>: (需输入倒角第二段距离) ↓
> 选择第一条直线或 [放弃(U)/多段线(P)/距离(D)/角度(A)/修剪(T)/方式(E)/多个(M)]:
> (选择要倒角的对象的第一条边)
> 选择第二条直线,或按住 Shift 键选择直线以应用角点或 [距离(D)/角度(A)/方法
> (M)]: (选择要倒角的对象的第二条边)

提示的各选项的意义如下。

(1) 多段线(P):选择该项可以按当前设置的倒角大小对一条多段线上的多个顶点按设置的距离同时倒角。

(2) 距离(D):设置倒角的两条斜线距离。两条斜线距离可以相等也可以不相等。

(3) 角度(A):采用指定一端距离和倒角角度的方法设置倒角距离。

(4) 修剪(T):定义添加倒角后,是否保留原倒角对象的拐角边。

(5) 方式(E):将原有的距离或角度设置为选项,指定本次倒角的创建类型。

(6) 多个(M):依次选取多个对应的倒角边,为对象的多处拐角添加倒角。

2. 圆角

执行"圆角"命令,命令行提示如下:

> 命令:_fillet
> 当前设置:模式 = 修剪,半径 = 0.0000
> 选择第一个对象或 [放弃(U)/多段线(P)/半径(R)/修剪(T)/多个(M)]: R (设置圆角半径)
> 指定圆角半径 <0.0000>: (输入圆角半径值) ↓
> 选择第一个对象或 [放弃(U)/多段线(P)/半径(R)/修剪(T)/多个(M)]:
> 选择第二个对象,或按住 Shift 键选择对象以应用角点或 [半径(R)]:

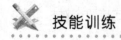 技能训练

【例 4-12】 绘制如图 4-27 所示图形。

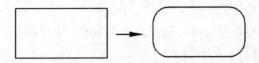

图 4-27　多段线进行倒圆角

绘图步骤如下：

命令: _fillet
当前设置: 模式 = 修剪，半径 = 10.0000 选择第一个对象或 [放弃(U)/多段线(P)/半径(R)/修剪(T)/多个(M)]: p↓
选择二维多段线或 [半径(R)]:（单击矩形）↓
4 条直线已被圆角

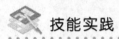 **技能实践**

利用所学命令完成如图 4-28 所示图形的绘制。

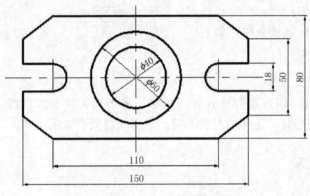

图 4-28　平面图形

4.3.6　打断、合并、分解

打断用于把选定对象两点间的部分打断并删除；合并与打断效果相反，是将相似的对象合并为一个对象。分解是将整体对象分解为其个体对象。

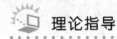 **理论指导**

1. 打断

执行"打断"命令，命令行提示如下：

命令: _break 选择对象:
指定第二个打断点 或 [第一点(F)]:（指定第二个断开点或输入 F）

提示的各选项的意义如下：

选择对象：使用拾取框选择对象，选择点被视为第一个打断点。

指定第二个打断点或[第一点(F)]:

注： 若打断对象是封图形，系统将按逆时针方向删除第一个断点到第二个断点的部分。

2．合并

执行"合并"命令，命令行提示如下：

命令: _join 选择源对象或要一次合并的多个对象: 找到 1 个

选择要合并的对象: 找到 1 个，总计 2 个

选择要合并的对象:↓

2 条直线已合并为 1 条直线

3．分解

执行"分解"命令，命令行提示如下：

命令: _explode

选择对象：（选择分解对象）

选择对象: ↓

提示的选项的意义如下：

选择一个对象后，该对象会被分解。矩形、多边形、块、多段线、多行文本、尺寸标注、多线等都可以被分解。选择的对象不同，分解的结果会有所不同。

 技能训练

【例 4-13】 绘制如图 4-29 所示图形。

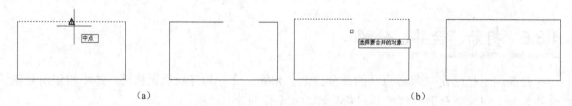

（a） （b）

图 4-29 对象的打断及合并

绘图方法如下：

（a）打断时按逆时针方向删除。

（b）将打断的对象合并起来。

 技能实践

利用所学命令完成如图 4-30 所示图形的绘制。

图 4-30　平面图形

4.4　夹点编辑

利用夹点模式对图形进行编辑。

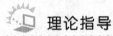
理论指导

当图形对象被选中后，对象的关键点上将会显示若干个小方框，即标记被选中对象的夹点，也是对象控制点。用户可以使用不同类型的夹点和夹点模式，以不同的方式重新编辑图形对象。

1．夹点拉伸

当用户选中需要进行拉伸的对象夹点时，该夹点将会高亮显示，并激活默认夹点模式"拉伸"。此时，只需要移动光标到合适位置后单击，即可完成对象的拉伸，如图 4-31 所示。若需要在拉伸时复制所选定的对象，可在拉伸此对象的同时按下 Ctrl 键。当用户选中文字、块参照、直线中点、圆心和点对象上的夹点时，将移动对象而不是拉伸对象。

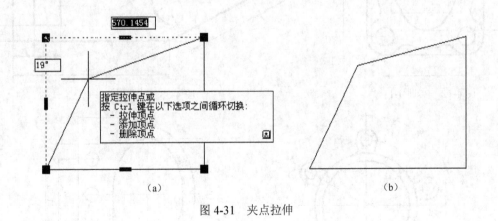

（a）　　　　　　　　　　　　（b）

图 4-31　夹点拉伸

2．夹点旋转

在夹点编辑模式下，确定基点后，将夹点模式切换为旋转模式，即可利用拖动光标移动或输入旋转角度的方法旋转对象。

3．夹点缩放

用户可以通过夹点功能相对于基点缩放选定对象。可以通过从基点夹点向外拖动光标并指定点的位置来增大对象尺寸，或通过向内拖动光标减小尺寸。此外，也可以通过输入比例因子来指定缩放比例。

4．夹点镜像

在夹点编辑模式下确定基点后，将夹点模式切换为镜像模式，即可对选定对象进行镜像操作。与"镜像"命令的功能类似，镜像操作后将会删除源对象。如果需要在镜像时复制所选定的对象，可在执行镜像操作的同时按下 Ctrl 键。

拓展技能实训

利用本章所学内容完成图 4-32～图 4-39 所示图形。

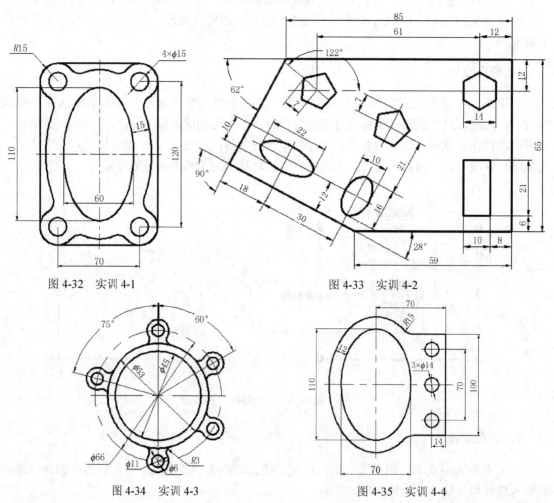

图 4-32　实训 4-1

图 4-33　实训 4-2

图 4-34　实训 4-3

图 4-35　实训 4-4

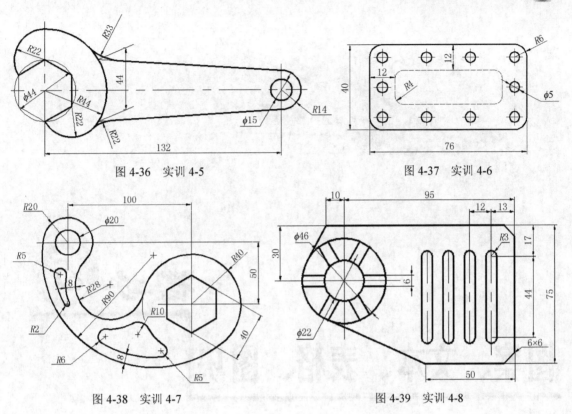

图 4-36　实训 4-5

图 4-37　实训 4-6

图 4-38　实训 4-7

图 4-39　实训 4-8

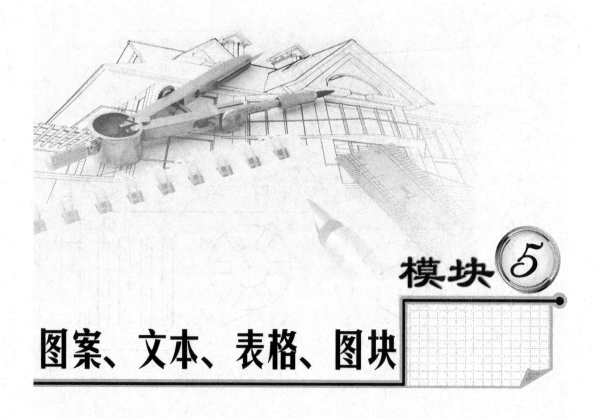

模块 ⑤

图案、文本、表格、图块

目标任务

➤ 学习图案填充方法。

➤ 学习文本创建方法。

➤ 学习表格的创建方法。

➤ 学习图块的创建方法。

AutoCAD 中的一些图样需要对图形局部进行填充图案，在特殊地方备注添加文字、表格及图块。本模块主要学习图案填充，插入文字、表格、图块的方法。

5.1 图案填充

图案填充是指用指定的图案或颜色填满所选定的图形区域。本节主要介绍图案填充封闭的区域、填充实体颜色和渐变色。

5.1.1 图案填充

将图案填充到封闭区域，可以表示该区域的特殊特性。

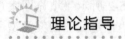 理论指导

用填充命令可以填充一个指定区域，也可以填充多个指定区域，直到按回车键、空格键或 Esc 键退出填充命令。其中每个填充图案都被作为单独的对象处理。

执行"图案填充"命令，系统打开如图 5-1 所示"图案填充和渐变色"对话框。

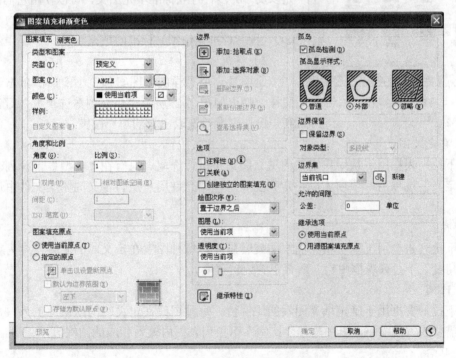

图 5-1 "图案填充和渐变色"对话框

1. "图案填充"选项卡

1）类型

"类型"下拉列表框用于确定填充图案的类型。单击右侧下三角按钮，弹出其下拉列

表，系统提供三种图案类型供用户选择。

（1）预定义：指图案已经在 acad.pat 文本文件中预定义。

（2）用户定义：使用当前线型定义图案。

（3）自定义：指定义在除 acad.pat 外的其他文件中的图案。设计填充图案定义要求具备一定的知识、经验和耐心。只有熟悉填充图案的用户才考虑自定义填充图案。

2）图案

"图案"下拉列表框用于确定标准图案文件中的填充图案。在弹出的下拉列表中，用户可从中选取填充图案。选取所需要的填充图案后，在"样例"框内会显示该图案。只有用户在"类型"下拉列表框中选择了"预定义"，此项才以正常亮度显示，即允许用户从"预定义"的图案文件中选取填充图案。

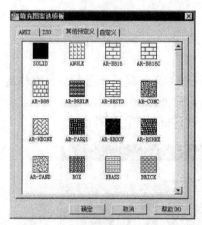

图 5-2 "填充图案选项板"对话框

如果选择图案类型是"预定义"，单击"图案"下拉列表框右边的按钮，会弹出如图 5-2 所示"填充图案选项板"对话框，该对话框中显示了"预定义"图案类型所具有的图案，用户可从中确定所需要的图案。

填充图案和绘制其他对象一样，图案所使用的颜色和线形将使用当前图层的颜色和线型。AutoCAD 提供实体填充以及 50 多种行业标准填充图案，可以使用它们区分对象的部件或表现对象的材质。AutoCAD 还提供了 14 种符合 ISO（国际标准化组织）标准的填充图案。

3）样例

此框是一个"样例"图案预览小窗口。单击该窗口，同样会弹出如图 5-2 所示"填充图案选项板"对话框，以利于迅速查看或选取已有的填充图案。

4）自定义图案

此下拉列表框用于从用户定义的填充图案中进行选取。只有在"类型"下拉列表框中选用"自定义"选项后，该项才以正常亮度显示，即允许用户从自定义的图案文件中选取填允图案。

5）角度

此下拉列表框用于确定填充图案的旋转用度。每种图案在定义时的旋转角度为零，用户可在"角度"下拉列表框中输入所希望的旋转角度。

6）比例

此下拉列表框用于确定填充图案的比例值。每种图案在定义时的默认比例为 1，用户可以根据需要放大或缩小，方法是在"比例"下拉列表框内输入相应的比例值。

7）双向

该项用于确定用户临时定义的填充线是一组平行线，还是相互垂直的两组平行线。只有在"类型"下拉列表框中选用"用户定义"选项，该项才可以使用。

8）相对图纸空间

该项用于确定是否用相对图纸空间来确定填充图案的比例值。选择该选项，可以按适合版面布局的比例方便地显示填充图案。该选项仅适用于图形版面编排。

9）间距

这是指定线之间的间距，在"间距"文本框内输入值即可。只有在"类型"下拉列表框中选用"用户定义"选项，该项才可以使用。

10）ISO 笔宽

此下拉列表框提示用户根据所选择的笔宽确定与 ISO 有关的图案比例。只有选择了已定义的 ISO 填充图案后，才可确定它的内容。

11）图案填充原点

控制填充图案生成的起始位置。某些填充图案，如"砖纹"，需要与图案填充边界上的一点对齐。默认情况下，所有图案填充原点对应于当前 UCS 原点。也可以选择"指定的原点"及下面一级的选项重新指定原点。

2. 边界

当进行图案填充时，首先要确定填充图案的边界。定义边界的对象可以是直线、射线、构造线、多段线、样条曲线、圆弧、圆、椭圆、椭圆弧、面域等，或用这些对象定义的块，作为边界的对象在当前屏幕上必须全部可见。

1）添加：拾取点

以拾取点的形式自动确定填充区域的边界。在填充的区域内任意点取一点，AutoCAD 会自动确定包围该点的封闭填充边界，并且这些边界以高亮度显示。

2）添加：选择对象

以选择对象的方式确定填充区域的边界。用户可以根据需要选取构成填充区域的边界对象。同样，被选择的边界也会以高亮度显示。但如果选取的边界对象有部分重叠或交叉，填充后将会出现有些填充区域混乱或图案超出边界的现象。

3）删除边界

从边界定义中删除以前添加的任何对象。

4）重新创建边界

围绕选定的图案填充或填充对象创建多段线或面域。

5）查看选择集

观看填充区域的边界。单击该按钮，AutoCAD 将临时切换到作图屏幕，将所选择的作为填充边界的对象以高亮方式显示。只在通过"添加：拾取点"按钮或"添加：选择对象"按钮选取了填充边界，"查看选择集"按钮才可以使用。如果对所定的边界不满意，可以重新定义。

3. 选项

1）注释性

使用此特性，用户可以自动完成缩放注释的过程，从而使注释能够以正确的大小在图纸上打印或显示。

2）关联

此复选按钮用于确定填充图案与边界的关系。若单击此复选按钮，则填充的图案与填充边界保持着关联关系，即图案填充后，当对边界进行拉伸、移动等修改时，系统会根据边界的新位置重新生成填充图案。

3）创建独立的图案填充

当指定了几个独立的闭合边界时，控制创建的填充图案对象可以是不独立的，还可以是相互独立的。填充图案独立时，有利于对个体图形进行编辑。另外用"分解"命令还可以将填充图案炸开，使图案中的每条线或点成为一个独立实体，这些实体可以单独编辑。

4）绘图次序

该项用于指定图案填充的绘图顺序。图案填充可以放在所有其他对象之后、所有其他对象之前、图案填充边界之后或图案填充边界之前。

5）图层

该项用于为指定的图层指定新图案填充对象，替代当前图层。选择"使用当前值"可使用当前图层。

6）透明度

该项用于设定新图案填充或填充的透明度，替代当前的透明度。选择"使用当前值"可使用当前对象的透明度设置。

4．继承特性

此按钮的作用是继承特性，即选用图中已有的填充图案作为当前的填充图案。

5．孤岛

在进行图案填充时，把位于总填充区域内的封闭区域称为孤岛。

1）孤岛检测

该项确定是否检测孤岛。

2）孤岛显示样式

该项用于确定图案的填充方式。

（1）普通方式：从最外层边界开始，交替填充第一、三、五等奇数层区域。该方式为系统默认方式。

（2）外部方式：只填充最层的区域。

（3）忽略方式：忽略边界内对象，所在内部结构被填充桥头。

6．边界保留

该项指定是否将边界保留为对象，并确定应用于这些边界对象的对象类型是多段线还是面域。

7．边界集

该项用于定义边界。

8．允许的间隙

该项设置将对象用做图案填充边界时可以忽略的最大间隙。

9. 继承选项

使用"继承特性"创建图案填充时，控制图案填充原点的位置。

 技能训练

【例5-1】 利用"填充图案"命令及相关命令完成如图5-3所示图形。

完成该图的提示和一般操作过程如下：

（1）完成矩形框的绘制。

（2）执行填充命令。

命令：_hatch

弹出对话框，打开"图案填充和渐变色"对话框，如图5-2所示。

单击"添加拾取点"按钮。对话框暂时关闭，在图形中要填充的矩形区域内单击，全部选定后单击回车键，确定选择的需要填充的区域。"图案填充和渐变色"对话框恢复显示，单击"样例"，弹出"填充图案选项板"，如图5-3所示。单击所需要的填充图案，单击"确定"按钮，填充图案选项板关闭。单击图案填充和渐变色选项板上的"确定"按钮，图案填充结束。

图 5-3 图案填充示例

 技能实践

用"图案填充"命令完成图5-4所示图形。

图 5-4 紫荆花

5.1.2 渐变色填充

在绘制建筑图形的墙体、立柱等特殊图样时，需要将相应的区域填充为一种颜色，而不能是图案。为了体现出光照在平面上的过渡效果，可以填充渐变颜色。

 理论指导

渐变色是指从一种颜色到另一种颜色的平滑过渡。渐变色能产生光的效果，可为图形添

加视觉效果。单击"图案填充和渐变色"对话框中的"渐变色"选项卡，如图 5-5 所示，其中各选项的含义如下。

1．单色

即指定使用从较深着色到较浅色调平滑过渡的单色填充。选择"单色"时，系统显示带"浏览"按钮和"着色"、"渐浅"滑动条的颜色样本。其下面的显示框显示了用户所选择的真彩色，单击右边的"浏览"按钮，系统打开"选择颜色"对话框。

2．双色

在两种指定的颜色之间平滑过渡的双色渐变填充，如图 5-6 所示。

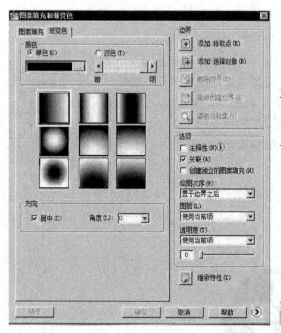

图 5-5　"图案填充和渐变色"中的"渐变色"选项卡

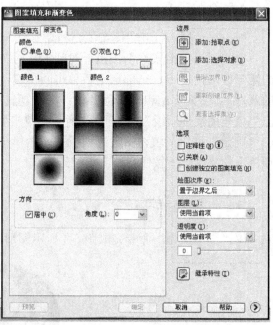

图 5-6　双色渐变填充

3．颜色样本

在"颜色"选项组的下方有九种渐变样板，包括线形、球形和抛物线形等方式。

4．居中

指定对称的渐变配置。如果没有选定此项，渐变填充将朝左上方变化，创建光源在对象左边的图案。

5．角度

在该下拉列表框中选择角度，此角度为渐变色倾斜的角度。

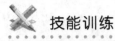

技能训练

【例 5-2】 对图形进行渐变色、单色填充。

1）渐变色填充

命令：_hatch

弹出"图案填充和渐变色"对话框，单击"添加拾取点"按钮，在封闭的区域内部单击，按回车键。对话框恢复显示，单击右上方的"渐变色"选项卡，如图 5-5 所示。单击第一种渐变图案方块，选择"单色"的填充方式，单击色条后的按钮，打开颜色对话框，选择蓝色作为填充色，将按钮右侧的渐变滑块移至右侧明的位置，表示蓝色根据选择的渐浅效果进行填充。单击"确认"按钮，可以看到图形填充为蓝色，并从左向右逐渐变淡，最终成为白色，如图 5-7 所示。

2）单色填充

命令：_Hatch

弹出"图案填充和渐变色"对话框，单击"添加拾取点"按钮，选择填充方式改为为"双色"，单击下面的颜色 1 按钮，打开颜色对话框，选择一种颜色，再单击颜色 2 按钮，打开颜色对话框，选择相同的颜色。

单击"确认"按钮，可以看到图形填充为一种新的颜色，如图 5-8 所示。

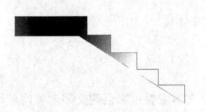

图 5-7　渐变色填充示意图　　　　　　　图 5-8　单色填充示意图

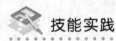

技能实践

用"渐变色"完成如图 5-9 所示图形。

（a）　　　　　　　　　　　　　　（b）

图 5-9　"渐变色"练习

5.2 文本

本节主要介绍文字对象。文字对象是 AutoCAD 图形中很重要的图形元素，是机械制图和工程制图中不可缺少的组成部分。在一个完整的图样中，通常都包含一些文字注释以标注图样中的一些非图形信息。

在 AutoCAD 中，所有文字都有与之相关联的文字样式。在创建文字注释和尺寸标注时，AutoCAD 通常使用当前的文字样式；用户可以根据具体要求重新设置文字样式或创建新的样式。

在"文字样式"对话框中会显示文字样式的名称，可以创建新的文字样式、为已有的文字样式重命名以及删除文字样式。

"文字样式"对话框的"字体"选项区用于设置文字样式使用的字体属性。选择需要的字体名，字体样式一般分为常规和粗体。只有在"字体名"中指定 SHX 文件，才能使用大字体，只有 SHX 文件才可以创建大字体。

如果将"高度"设置为 0，使用 Text 命令标注文字时，将要求用户指定文字的高度；如果在"高度"文本框中输入了文字的高度，AutoCAD 将按此高度标注文字，而不再提示要求指定高度。

5.2.1 单行文本

针对比较简短的文本，可以采用创建单行文本来实现。

 理论指导

单行文本，即每一行都是一个文字对象。单行文本主要用来创建文字内容比较简短的文字对象。

 技能训练

【例 5-3】 完成如图 5-10 所示的单行文本图例，其中高度为 60，宽度为 30。

执行"创建单行文本"命令，命令行提示如下：

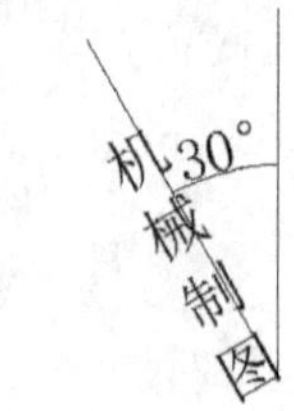

命令：_mtext
指定第一角点： （在绘图区指定文本起点）
指定对角点或 [高度(H)/对正(J)/行距(L)/旋转(R)/样式(S)/宽度(W)/栏(C)]:H↓
指定高度 <2.5>:60↓
指定对角点或 [高度(H)/对正(J)/行距(L)/旋转(R)/样式(S)/宽度(W)/栏(C)]:R↓
指定旋转角度 <0>:30↓

图 5-10 "单行文本"
图例

指定对角点或 [高度(H)/对正(J)/行距(L)/旋转(R)/样式(S)/宽度(W)/栏(C)]:W↓

指定宽度 <0>:30↓

输入"机械制图"文本。

注：在实际绘图的过程中，经常会用到一些特殊字符，如"%""±""×""α""∅"等，这些字符是不能直接从键盘上输入的，AutoCAD 提供了相应的控制符，以实现输入要求。

控制符由两个百分号及一个字符构成，常用的控制符号如下：

%%%为"%"；%%D 为"°"（度）；%%P 为"±"；%%C 为"∅"。

5.2.2 多行文本

遇到比较复杂的文本输入，如要求部分文字堆叠，就需要用到多行文本。

理论指导

多行文本是相对于单行文本而言的，它可以由两行以上的文本组成，而且各行文本都被作为一个整体来处理。

在多行文字的编辑状态下，可以对多行文字进行文字样式、对正方式、首行缩进、编号等的设置。

创建了文本框后，会出现"文字格式"对话框，如图 5-11 所示，用于修改所编辑的文本。下面说明一下这些图标的具体用途。

图 5-11 "文字格式"对话框

Standard ▾ 样式：为选择的多行文字对象应用文字样式。

宋体 ▾ 字体：为新输入的文字指定字体或改变选定文字的字体。

60 ▾ 文字高度：设置文字的高度。在多段字中选择文字之后可以设置不同高度。

B 粗体：为新建文字或选定文字打开和关闭粗体格式。

I 斜体：为新建文字或选定文字打开和关闭斜体格式。

U 下画线：为新建文字或选定文字打开和关闭下画线格式。

Ō 上画线：将直线放置到选定文字的上面。

↶ 放弃：放弃对文字内容或文字格式所做的修改操作。

↷ 重作：重做对文字内容或文字格式所做的修改操作。

⅄ 堆叠：将选定的包含堆叠字符的文字堆叠在一起。当出现"/"、"^"、"#"三种层叠符号之一时可层叠文本。

■ByLayer ▾ 文字颜色：为新输入的文字指定颜色或修改选定文字的颜色。

确定 单击该按钮，关闭编辑器并保存所作的任何修改。

≣▾ 栏数：可以对多行文字进行分栏。

多行文字对正：共左上、中上、右上、左中、正中、右中、左下、中下、右下九种。

段落：对多行文字进行段落设置。

左对齐、居中对齐、右对齐：设置文字左右边界的对正和对齐方式。

行距：可以对多行文字的行距进行设置，1.0 设置为单倍行距。

编号：使用编号创建带有句点的列表。

插入字段：显示"字段"对话框，从中可以选择要插入到文字中的字段。关闭该对话框后，字段的当前值将显示在文字中。

小写、大写：将选定英文字母更改为大写或小写。

@·符号：在光标位置插入符号或不间断空格。

倾斜角度：确定文字是向左倾斜还是向右倾斜。倾斜角度的值为正时文字向右倾斜。倾斜角度的值为负时文字向左倾斜。

追踪：增大或者减小选定字符之间的空间，也就是字间距，1.0 设置是常规间距。设置值大于 1.0 可以增大间距，设置值小于 1.0 可以减小间距。

宽度因子：扩展或收缩选定字符。设置 1.0 代表此字体首行缩进设置多行文字宽度中字符的常规宽度。随着输入数字标尺用户设置的制表位的大小，可以增大该宽度或减小该宽度。

注：我们需要重新修改文本时用鼠标双击多行文字，可以重新打开文字格式工具栏和文本矩形框，可以重新添加、删除文字，重新设置文字的样式、大小、排列、字距等。双击单行文字同样可以添加和删除文字。

 技能训练

【例5-4】 完成图 5-12 所示堆叠文字。

执行"创建多行文本"命令，命令行提示如下：

命令: _mtext↓

指定第一角点：(选择创建文字的文本框左上角点)

指定对角点或 [高度(H)/对正(J)/行距(L)/旋转(R)/样式(S)/宽度(W)/栏(C)]: (选择创建文字的文本框右下角点)

在文本中输入"123/456"或"+0.025^+0.005"或"月#年"，选中需要层叠的文字，文字格式中的层叠功能被激活，单击 按钮，则分别得到如图 5-12 所示各种形式。

$$\frac{123}{456} \qquad \begin{array}{l}+0.025\\+0.005\end{array} \qquad \frac{月}{年}$$

图 5-12 堆叠文字

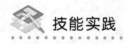 **技能实践**

完成如图 5-13 所示的文本。

$$37℃ \qquad 36\pm0.07 \qquad \phi60^{H7}_{f6}$$

图 5-13 文本练习

5.3 表格

AutoCAD 2012 软件提供的表格创建工具，可以在表格中插入注释，如文字或块。

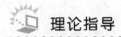 理论指导

表格是在行和列中包含数据的对象。在工程图中会大量使用表格，如标题栏和明细表等。表格的外观由表格样式控制，首先创建或选择一种表格样式，然后再创建表格。

AutoCAD 提供了插入表格对话框，只需指定行和列的数目及大小，即可设置表格的格式。表格制成之后，可以随时修改，增加或删除列、行以及文字等。

执行"创建表格样式"，可以使用下列方法之一。

（1）命令行：Tablestyle。

（2）菜单："格式"→"表格样式"。

（3）工具栏："样式"→ 📝。

执行上述操作，系统弹出"表格样式"对话框，如图 5-14 所示。

对话框中各选项的含义如下。

（1）新建：显示创建新的表格样式对话框，从中可以定义新的表格样式。

（2）修改：显示修改表格样式对话框，从中可以修改选择的表格样式。

（3）删除：删除样式列表中选择的表格样式，但不能删除图形中正在使用的样式。

（4）置为当前：将样式列表中选择的表格样式设置为当前样式。之后创建的所有新表格都将使用此表格样式来创建。

单击"新建"按钮，打开"创建新的表格样式"对话框，如图 5-15 所示，输入新的样式名称为"零部件明细"，单击"继续"按钮。

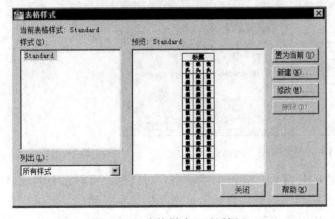

图 5-14 "表格样式"对话框

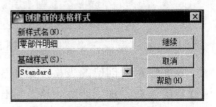

图 5-15 "创建新的表格样式"对话框

打开"新建表格样式"对话框，如图 5-16 所示。单元样式有三个选项："数据"、"表

头"和"标题"。当选择任意一个选项时,下面的"常规"、"文字"和"边框"选项卡就可用于设置选择的数据、表头或者标题的外观。

单击"确定"按钮,此时"表格样式"对话框的样式列表中会显示出新建的样式名称为"零部件明细",右侧显示出零部件明细的表格效果,单击"置为当前"按钮,将选择的产品目录样式设置为当前样式,以后创建的所有新表格都将使用零部件明细表格样式创建,如图 5-17 所示。

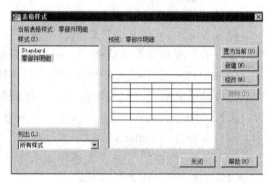

图 5-16 "新建表格样式"对话框   图 5-17 "零部件明细"表格样式

创建完表格样式后,就可以创建表格了。

命令: _table ↓

弹出"插入表格"对话框,如图 5-18 所示。单击"确定"按钮。

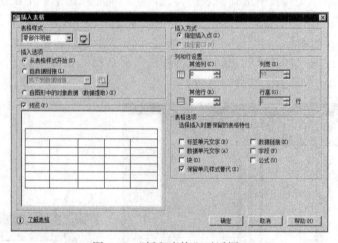

图 5-18 "插入表格"对话框

界面显示所创建的表格,单击表格的任意处,会弹出"表格"对话框,可对已有的表格进行修改,如添加或删除表格。双击表格的任意处,会弹出"文字格式"对话框,可以对表格进行文字添加、修改和删除,如图 5-19、图 5-20 所示。

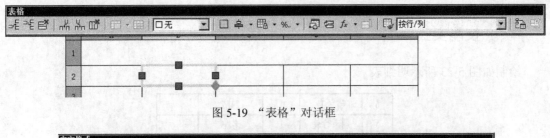

图 5-19 "表格"对话框

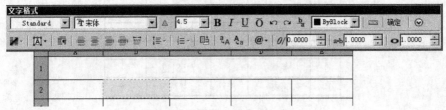

图 5-20 "文字格式"对话框

输入相应的文字，完成如图 5-21 所示表格。

零部件明细				
序号	编号	名称	重量	数量
1				
2				
3				
4				
5				

图 5-21 创建表格图

技能训练

【例 5-5】 完成图 5-22 所示的表格，并创建该表格的样式。

产 品 目 录				
序 号	代 号	名 称	数 量	金 额
1				
2				
3				
4				
5				

图 5-22 "表格"图例

（1）创建"产品目录"的表格样式。

（2）按照"产品目录"的行、列数插入表格。

（3）输入相应文字。

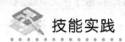

绘制如图 5-23 所示明细表。

6	锁紧套	1	2AL2	
5	调节齿轮	1	名称	
4	锁紧螺母	1	2AL2	
3	垫圈	1	Q235	
2	内衬圈	1	ZALSi12	
1	架体	1	ZALSi12	
序号	名称	件数	材料	备注

图 5-23 明细表

5.4 图块

图块是组成复杂实体的一组对象的集合，构成图块的每个对象可以有自己的图层、线型和颜色。系统将图块当做一个单个的实体对象来处理，并要求赋予一个图块名。用户需要用此图块时，可将其直接插入图样中任意一个指定的位置，而且在插入时可以指定 X、Y 方向上不同的缩放比例系数和旋转角度。

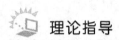 理论指导

1. 块

块可用 Block 命令建立，也可以用 Wblock 命令建立文件。两者之间的主要区别为：一个是"块（Block）"，只能插入到建立它的图形文件中，又名"内部块"；另一个是"写块（Wblock）"，可被插入到任何其他的图形文件中，又名"外部块"。

执行"创建块"命令建立内部块，可以使用下列几种方法之一。

（1）命令：Block 或 Bmake 或 B。

（2）菜单："绘图" → "块" → "创建..."。

（3）工具栏："绘图" → ⬚。

2. 插入块

将已有的块以正确的方式插入所需的位置，在图形中对相同图块的引用不仅可以提高效率，保证同一项目的一致性，还可以大大减少图形文件的大小及其占用的磁盘空间。

执行"插入块"命令，可以使用下列几种方法之一。

（1）命令：Insert。

（2）菜单："插入" → "块"。

（3）工具栏："绘图" → ⬚。

技能训练

【例 5-6】 创建一个带有属性的表面粗糙度（符号）图块，并应用到图形中，如图 5-24 所示。

（1）创建"块"：

① 绘制符号▽。

② 对符号进行属性定义。

执行菜单命令："绘图"→"块"→"定义属性…"。

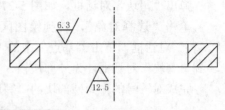

图 5-24 图块图例

弹出"属性定义"对话框，按图 5-25 所示进行设置。在绘图界面中，在符号的上方指定"1"点位置作为放置属性的左下角点并单击，即▽。选中点 1，完成符号属性的定义，即▽。

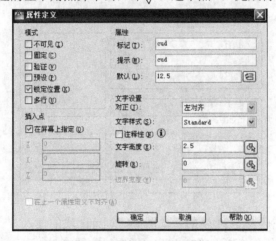

图 5-25 "属性定义"对话框

③ 对符号进行"块定义"。

内部块：执行"创建块"命令建立内部块，弹出"块定义"对话框，按图 5-26 所示进行设置，"确定"后在绘图界面中指定符号最低点为基点，以整个符号为对象。完成对符号的作为内部块的"块定义"。

图 5-26 "块定义"对话框

外部块：执行"写块"命令建立外部块：

命令： _ wblock ↓

弹出"写块"对话框，如图5-27所示。

单击"选择对象"，转到绘图区将欲创建为外部块的图形全部选中，按回车键，转到"写块"对话框，单击"基点"中的"拾取点"，转到绘图区选择合适点为基点，按回车键，转到"写块"对话框，为外部块输入文件名和路径后单击"确定"按钮。

完成对符号的作为外部块的"写块"。

图5-27 "写块"对话框

（2）插入"块"：完成图5-21中的基本图形，进行图块的插入。

执行"插入块"的命令，弹出"插入"对话框，如图5-28所示。单击"浏览"按钮，选择要插入的内部块或外部块。

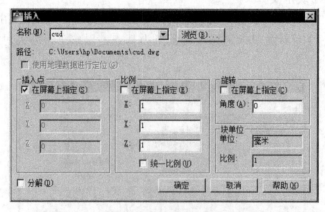

图5-28 "插入"对话框

命令：_insert ↓
指定插入点或 [基点(B)/比例(S)/X/Y/Z/旋转(R)]: ↓
输入属性值

cud <12.5>:6.3↓

命令: _insert ↓

指定插入点或 [基点(B)/比例(S)/X/Y/Z/旋转(R)]: ↓

输入属性值

cud <12.5>:↓

结果如图 5-29 所示，数字角度显示不正确，需进行修改。

图 5-29　示例图

执行"修改插入图块的属性"的命令：双击所要修改的块，弹出"增强属性编辑器"对话框，如图 5-30 所示。

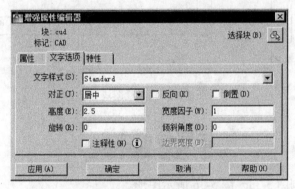

图 5-30　"增强属性编辑器"对话框

单击"文字选项"按钮，将文字的"旋转角度"180 度改为 0 度，单击"应用"按钮，则修改被应用。单击"确定"按钮，完成对图块属性的修改。至此就完成了如图 5-21 所示的全部内容。

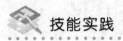 技能实践

1. 将图 5-31 所示的基准符号定义为带属性的块文件 JZ。

（a）基准符号图形　　　　　　（b）带属性的基准符号块

图 5-31　基准符号

2. 绘制如图 5-32 所示图形，并按要求创建带属性的粗糙度代号（新国标）。

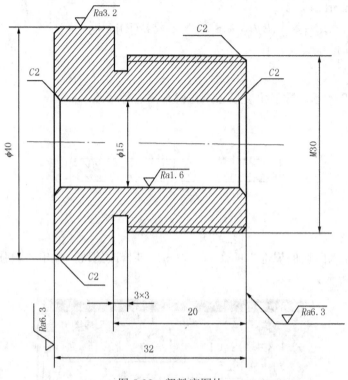

图 5-32　粗糙度图块

拓展技能实训

根据本章内容绘制图 5-33～图 5-36 所示图形。

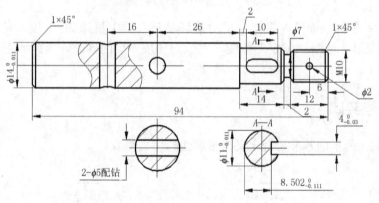

图 5-33　实训 5-1

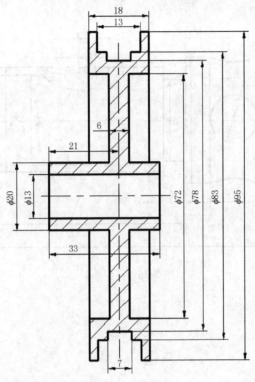

图 5-34　实训 5-2

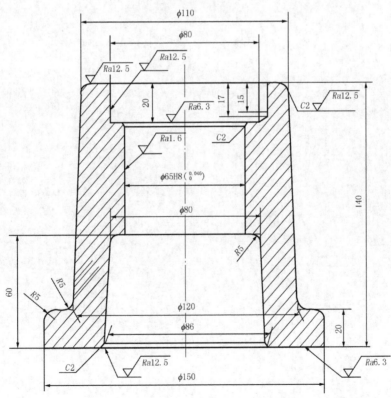

图 5-35　实训 5-3

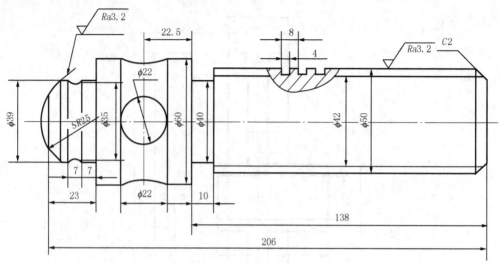

图 5-36　实训 5-4

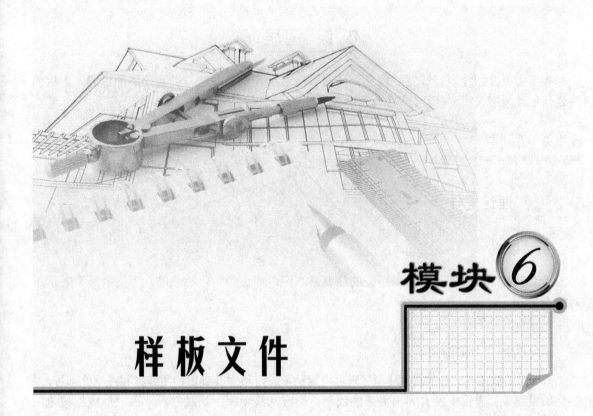

模块 6

样板文件

➢ 学习创建图层的步骤和方法。

➢ 对建立的图层进行管理。

➢ 利用特性工具栏对图层进行设置。

➢ 掌握创建样板文件的方法。

6.1 图层

本节主要介绍线型、线宽、颜色、图层等概念及其使用方法，以及图层的生成、图层的管理（包含图层关闭、打开、冻结、解冻、锁定、解锁等）。

6.1.1 特性

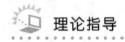
理论指导

1. 线型

绘制工程图时经常需要采用不同的线型来绘图，如虚线、中心线等。不同的线型表示不同的含义。

设置新绘制图形的线型。

命令：LINETYPE

系统弹出如图 6-1 所示的"线型管理器"对话框。可通过其确定绘图线型和线型比例等。

如果线型列表框中没有列出需要的线型，则应从线型库中加载它。单击"加载"按钮，系统弹出如图 6-2 所示的"加载或重载线型"对话框，从中可选择要加载的线型并加载。

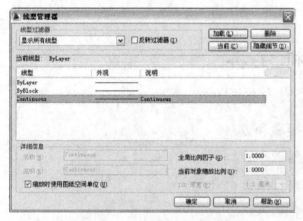

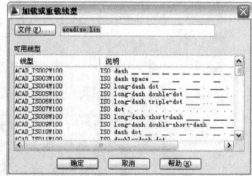

图 6-1 "线型管理器"对话框　　　　　图 6-2 "加载或重载线型"对话框

2. 线宽

工程图中不同的线型有不同的线宽要求。用 AutoCAD 2012 绘制工程图样时，要根据线型的不同设置不同的线宽，以示区别。

设置新绘制图形的线宽。

命令：LWEIGHT

系统弹出"线宽设置"对话框，如图 6-3 所示。

"线宽"列表框中列出了系统提供的 20 余种线宽，用户可在"随层"、"随块"或某一具体线宽之间选择。其中，"随层"表示绘图线框始终与图形对象所在图层设置的线框一致，这也是最常用到的设置。还可以通过此对话框进行其他设置，如单位、显示比例等。

3. 颜色

用 AutoCAD 2012 绘制工程图时，可以将不同线型的图形对象用不同的颜色表示。

AutoCAD 2012 提供了丰富的颜色方案供用户使用，其中最常用的颜色方案是采用索引颜色，即用自然数表示颜色，共有 255 种颜色，其中 1～7 号为标准颜色，1 表示红色、2 表示黄色、3 表示绿色、4 表示青色、5 表示蓝色、6 表示洋红、7 表示白色。

设置新绘制图形的颜色。

命令：COLOR

AutoCAD 2012 弹出"选择颜色"对话框，如图 6-4 所示。

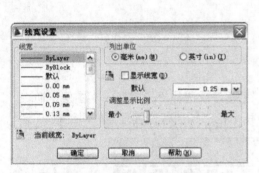

图 6-3 "线宽设置"对话框

图 6-4 "选择颜色"对话框

对话框中有"索引颜色"、"真彩色"和"配色系统"3 个选项卡，分别用于以不同方式确定绘图颜色。在"索引颜色"选项卡中，用户可以将绘图颜色设为 ByLayer（随层）、ByBlock（随块）或某一具体颜色。其中，随层是指所绘对象的颜色总是与对象所在图层设置的绘图颜色相一致，这是最常用到的设置。

4. 图层

图层具有以下特点：

（1）用户可以在一幅图中指定任意数量的图层。系统对图层数没有限制，对每一图层上的对象数也没有任何限制。

（2）每一图层有一个名称，以示区别。当开始绘制一幅新图时，AutoCAD 2012 自动创建名为 0 的图层，这是 AutoCAD 2012 的默认图层，其余图层需要用户自己定义。

（3）一般情况下，位于一个图层上的对象应该是一种绘图线型，一种绘图颜色。用户可以改变各图层的线型、颜色等特性。

（4）虽然 AutoCAD 2012 允许用户建立多个图层，但只能在当前图层上绘图。

（5）各图层具有相同的坐标系和相同的显示缩放倍数。用户可以对位于不同图层的对象同时进行编辑操作。

（6）用户可以对各图层进行打开、关闭、冻结、解冻、锁定与解锁等操作，以决定各图层的可见性与可操作性。

常用图层的主要特性见表 6-1。

表 6-1　图层的主要特性

序　号	图层名称	线　型	颜　色	线宽（mm）
1	粗实线	Continuous	黑/白	0.5
2	细实线	Continuous	白	0.25
3	中心线	Center	红	0.25
4	尺寸标注	Continuous	蓝	0.25
5	虚线	ACAD_ISO02W100	绿	0.25
6	文字	Continuous	黑/白	0.25

6.1.2　图层的管理

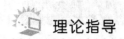 理论指导

单击"图层"工具栏上的图层特性管理器按钮，或选择"格式"→"图层"命令，即执行 LAYER 命令，AutoCAD 2012 弹出如图 6-5 所示的"图层特性管理器"对话框。

图 6-5　"图层特性管理器"对话框

用户可通过"图层特性管理器"对话框建立新图层，为图层设置线型、颜色、线宽以及其他操作等。

"新建特性过滤器"按钮：单击此按钮将打开"图层过滤器特性"对话框，从中可以根据图层的一个或多个特性创建图层过滤器。

"新建组过滤器"按钮：单击此按钮将创建图层过滤器，其中包含选择并添加到该过滤器的图层。

"新建图层"按钮 ：单击此按钮将在当前选择的图层下面创建一个新的图层。创建时可以对新图层命名。

"在所有视口中都被冻结的新图层视口"按钮 ：单击此按钮将创建一个新的图层，但会在所有现有的视口中被冻结。

"删除图层"按钮 ：用于删除当前选择的图层。

"置为当前"按钮 ：将选择的图层设置为当前图层，用户所绘制的图形位于当前图层上。

状态：显示当前图层的状态。

名称：显示当前图层的名称。

开：打开或关闭图层的可见性，打开时图层中包含的对象在绘图区域内显示，并且可以被打印；关闭时图层中包含的对象在绘图区域内隐藏，并且无法被打印。

冻结：用于在所有视口中冻结或解冻图层，冻结图层中包含的对象无法显示、打印、消隐、渲染或重生成。

锁定：用于锁定或解锁图层，锁定图层中的对象将无法进行修改。

颜色：用于设置图层的颜色，单击颜色名将打开"选择颜色"对话框，如图 6-6 所示。

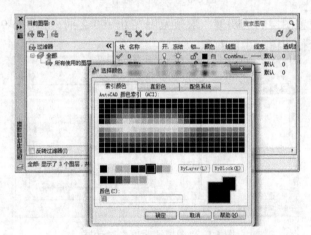

图 6-6 "选择颜色"对话框

线型：用于设置图层的线型，单击线型名将打开"选择线型"对话框，在此对话框中可以为图层选择线型，如果没有需要的线型，可以单击"加载"按钮加载线型，如图 6-7 所示。

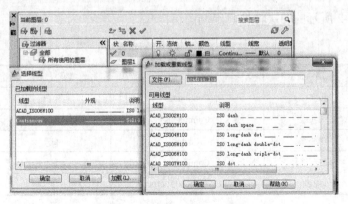

图 6-7 "选择线型"对话框

线宽：用于设置图层的线宽，单击线宽名将打开"线宽"对话框，如图6-8所示。

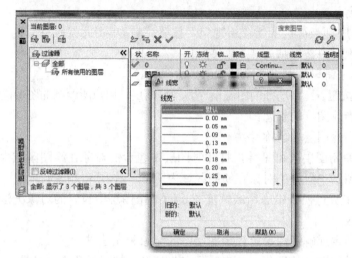

图6-8 "线宽"对话框

透明度：用于设置图层的透明度，取值范围在0～90之间，如图6-9所示。

打印：控制是否打印图层中的对象。

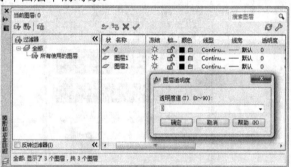

图6-9 "图层透明度"对话框

 技能实践

1. 根据表6-2所示的图层特性，定制图层样式。

表6-2 定制图层样式

序 号	图层名称	线 型	颜 色	线宽（mm）
1	粗实线	Continuous	黑/白	0.7
2	细实线	Continuous	红	0.35
3	中心线	Center	红	0.35
4	标注与注释	Continuous	红	0.35
5	虚线	ACAD_ISO02W100	绿	0.35

2. 对上面已经建立的图层，将其中的虚线层进行锁定，将其余图层设定为解锁状态。

6.2　创建样板文件

用 AutoCAD 绘制每一张新图样，与在图纸上用仪器绘图的方法步骤基本一样。除了需要先确定单位、比例、图幅大小，绘制图框，标题栏外，还要设置文字样式、图层、颜色、线型等一系列操作，其中的许多操作是重复的。

假如将每次都要使用到的信息，用图形样板文件（.DWT）的形式加以存储，就可以在创建新图形时很方便地调用它，在此基础上生成新图。使用样板图不仅可以达到省时、省力、提高工效的目的，而且能保证项目各组成图形设置的一致性和规范性。

图形样板文件只用来作为生成新图的模板，其中的所有设置都将作用于新图形。

图形文件一般都是以图形文件（*.DWG）的形式保存，以示其与样板图的（*.DWT）的不同。

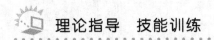
理论指导　技能训练

下面以创建一个 A3 样板为例，说明创建样板文件的过程。

1．图形样板的创建

1）设置绘图环境

（1）用默认设置开始绘制一幅新图。

（2）图层的设置。调出"图层特性管理器"对话框，只有一个默认的"0"层。多次单击 "新建"按钮，可建立多个图层。

（3）设置各图层的名称、颜色、线型、线宽（均按照国标规定设置）。

技巧：在操作过程中，应注意保持各图层顺序、颜色、线型的正确性，即符合国家标准的规定。每一层上设置好的图层名、颜色、线型等设置一般不要随意更改。关于"线宽"，此处也可以不用设置其宽度。到打印输出时，根据颜色设置线的宽度，结果是一样的，但一定要把各种线型放到它该在的图层上。

（4）完成图层的设置，结果如图 6-10 所示。将文件保存至指定位置，文件名为"A3 练习"。

图 6-10　设置图层

2）绘制图框和标题栏

（1）绘制图纸幅面线：以"细实线"层为当前层

命令: _rectang
指定第一个角点或 [倒角(C)/标高(E)/圆角(F)/厚度(T)/宽度(W)]: 0,0
指定另一个角点或 [面积(A)/尺寸(D)/旋转(R)]: 420,297

（2）绘制图框线：以"轮廓线"层为当前层

命令: _rectang
指定第一个角点或 [倒角(C)/标高(E)/圆角(F)/厚度(T)/宽度(W)]: 25,5
指定另一个角点或 [面积(A)/尺寸(D)/旋转(R)]: 415,292

（3）标题栏外框按照尺寸在轮廓线层绘制，分栏线在细实线层绘制。

（4）修剪多余线段。

（5）填写标题栏。标题栏如图 6-11 所示。

图 6-11　零件图标题栏

（6）得到 A3 样板，如图 6-12 所示。

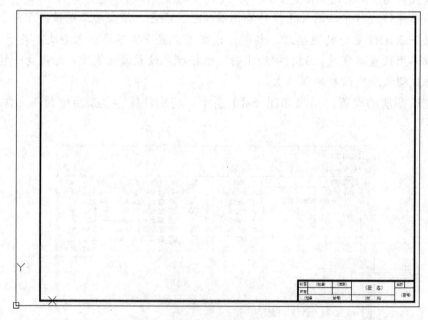

图 6-12　A3 样板图

2．图形样板的保存

将以上完成的全部内容另存为图形样板文件（*.DWT）。

注：一个样板创建完毕。操作起来似乎麻烦一些，但为以后的图形绘制提供了方便和捷径：既减少诸多重复的操作，又能保证图形的质量。对于不同的专业可采用不同的要求，近机类必须掌握。创建几个适合本专业的 A0、A1、A2、A3、A4 图形样板文件，以备后用。保存时，注意路径，以便查找。

3．图形样板的调用

选择菜单命令"文件"→"新建"或者"文件"→"打开"，按照保存路径选择需要的样板文件就可以了。

样板的调用操作简便，调出后可以在该图框内做各种绘图应用。

样板图的"创建"可以起到一劳永逸的作用。

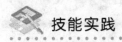 **技能实践**

创建一个 A4（横装）样板文件。

拓展技能实训

调用 A4 样板，完成图 6-13 的绘制。

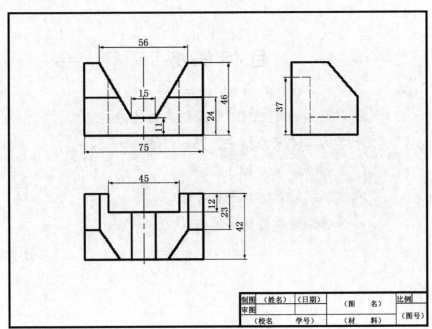

图 6-13　实训 6-1

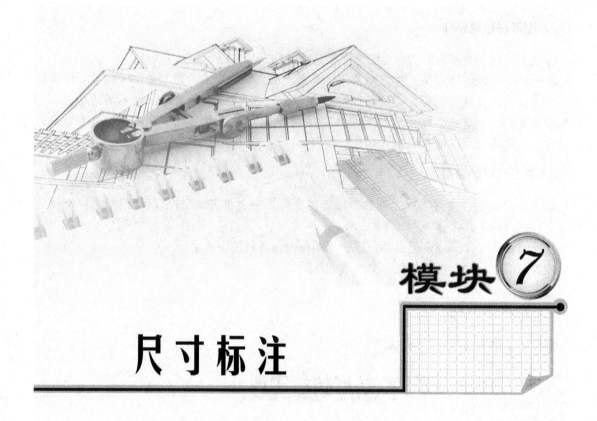

模块 7

尺寸标注

 目标任务

➢ 学习尺寸标注样式管理器各功能的用法。

➢ 学习建立尺寸标注样式的方法。

➢ 学习常用尺寸标注方法。

➢ 掌握编辑尺寸标注的方法。

➢ 掌握编辑标注文字的方法。

7.1 尺寸标注样式

在 AutoCAD 2012 中，尺寸标注命令位于菜单浏览器"标注"菜单中，也提供了相应的工具按钮，或用命令行输入法。在进行绘图操作时，可选择任意一种方法开始。这里主要介绍尺寸标注样式的建立方法。

7.1.1 标注样式管理器

本节主要介绍标注样式管理器各选项的含义及用法。

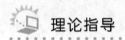
理论指导

1．尺寸标注的组成要素

一个完整的尺寸标注包括 4 个要素：尺寸线、尺寸界线、箭头和尺寸文字，AutoCAD 中将一个尺寸分为如图 7-1 所示的几个组成要素进行控制。在 AutoCAD 中每个尺寸对象是一个整体对象。

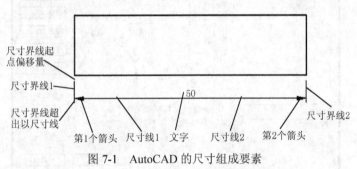

图 7-1 AutoCAD 的尺寸组成要素

2．尺寸标注的规则

（1）图样上所标注的尺寸数为工程图形真实大小，与绘图比例和绘图的准确度无关。

（2）图形中的尺寸以系统默认值 mm（毫米）为单位时，不需要标注计量单位代号或名称。如果采用其他单位，则必须注明相应计量单位代号或名称，如度"。"、英寸"″"等。

（3）图样上所标注的尺寸数值应为工程图形完工后的实际尺寸，否则需另加说明。

（4）工程图对象中的每个尺寸一般只标注一次，并标注在最能清晰表现该图形结构特征的视图上。

（5）尺寸配置要合理，功能尺寸应该直接标注；同一要素的尺寸应尽可能集中标注，如孔的直径和深度、槽的深度和宽度等；尽量避免在不可见的轮廓线上标注尺寸，数字之间不允许任何图线穿过，必要时可以将图线断开。

3．创建尺寸标注的步骤

在 AutoCAD 2012 中，对图形进行尺寸标注时，通常按如下步骤进行操作。

（1）为所有尺寸标注建立单独的图层，以便于管理图形。

（2）专门为尺寸文本创建文本样式。

（3）创建合适的尺寸标注样式。还可以为尺寸标注样式创建子标注样式或替代标注样式，以标注一些特殊尺寸。

（4）设置并打开对象捕捉模式，利用各种尺寸标注命令标注尺寸。

4．选项说明

执行"标注样式"命令，系统提示如下：

> 命令：Dimstyle

弹出"标注样式管理器"对话框，如图 7-2 所示。

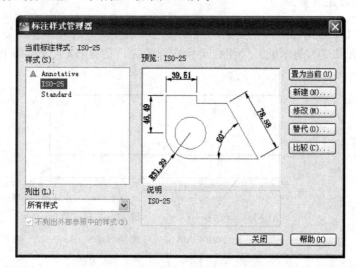

图 7-2 "标注样式管理器"对话框

1）"样式"列表框

列出了当前图形中定义的所有标注样式，醒目显示的是当前标注样式。用鼠标选中其中一种标注样式右击，弹出快捷菜单，可实现"置为当前"、"重命名"或"删除"操作。

2）"预览"区

用于实时反映对标注样式所作的更改，方便用户操作。

3）"列出"下拉列表框

用于确定在"样式"列表框中显示的样式种类，有"所有样式"、"当前样式"两种，默认的是"所有样式"。

4）"置为当前"按钮

单击该按钮，将"样式"列表框中选中的标注样式置为当前标注样式。

5）"新建"按钮

用于新建一种标注样式，单击该按钮，弹出"创建新标注样式"对话框，如图 7-3 所示。

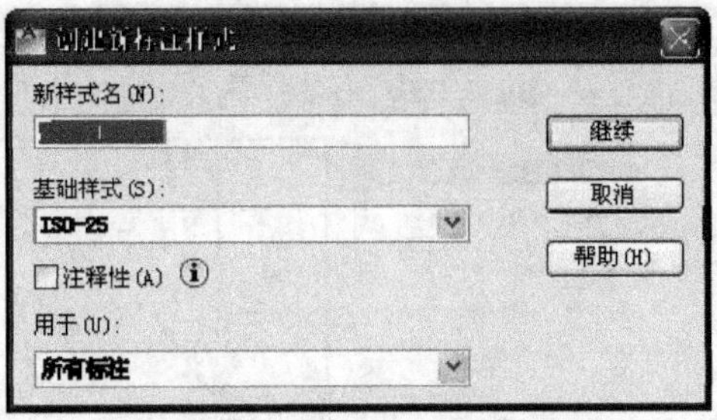

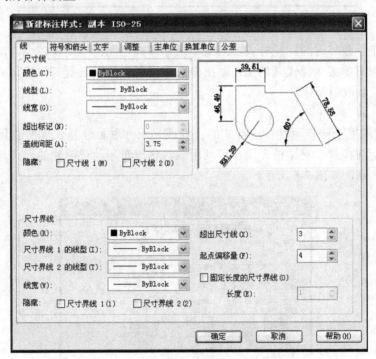

图 7-3 "创建新标注样式"对话框

在"新样式名"文本框中输入新样式的名称，默认的样式名是在当前标注样式的基础上创建新样式的副本。为了便于管理和应用，新建的标注样式最好输入一个有意义的名称。

在"基础样式"下列表框中，选择以哪个样式为基础创建新样式。

在"用于"下拉列表框中选择新建样式用于哪种类型的尺寸标注，默认的是用于所有标注。

完成以后，单击"继续"按钮，弹出"新建标注样式"对话框，如图 7-4 所示，在该对话框中进行样式的各种设置。

图 7-4 "新建标注样式"对话框

6）"修改"按钮

单击该按钮将弹出"修改标注样式"对话框，可以对"样式"列表框中选中样式进行修改。

7）"替代"按钮

单击该按钮将弹出"替代当前样式"对话框，如图7-5所示。

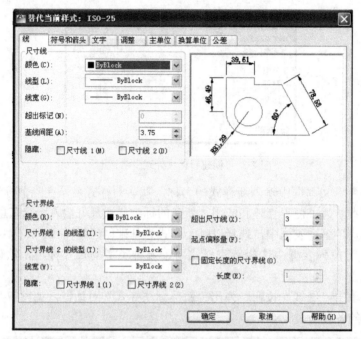

图7-5 "替代当前样式"对话框

在对话框中创建临时的标注样式，当某一尺寸形式在图形中出现较少时，可以避免创建新样式，而在现有的某个样式基础上，做出修改后进行标注。设置替代样式后，替代样式会一直起作用，直到取消替代。

8）"比较"按钮

"比较"按钮用于比较两种标注样式的特性或显示一种标注样式的所有标注。单击该按钮打开"比较标注样式"对话框，用户可利用该对话框对当前已创建的样式与其他样式进行比较，找出其区别，如图7-6所示。

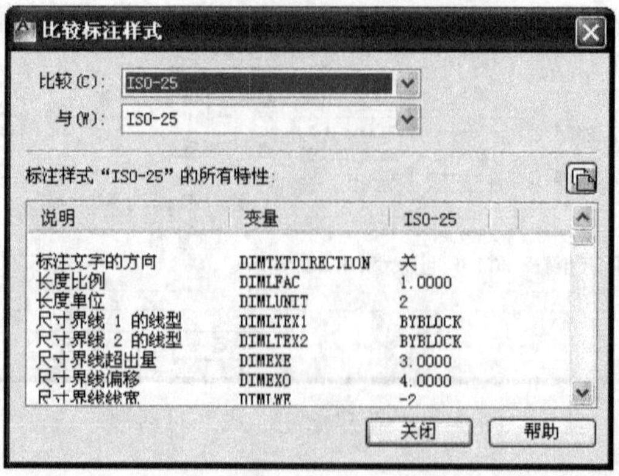

图7-6 "比较标注样式"对话框

5.标注样式管理器各选项卡用法

1）"线"选项卡

该选项卡用于设置尺寸线、尺寸界线的格式和特性，其对话框如图 7-4 所示。该选项卡中大部分变量均按默认值设置，需要调整的变量如下。

"基线间距"：用于设置使用基线标注时，两个尺寸线之间的距离，它与尺寸数字的文字高度相关，如图 7-7 所示。机械制图尺寸标注时要求该值不小于 7。

"隐藏"：利用尺寸线和尺寸界线的隐藏设置，可以用在半剖视图、局部剖视图或对称图形的简化画法中的尺寸标注，如图 7-8 所示。

"超出尺寸线"：指定尺寸界线在尺寸线上方伸出的距离，机械制图中一般要求 2.5 左右。

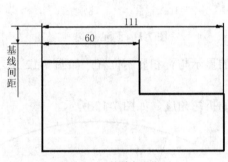

图 7-7　基线间距

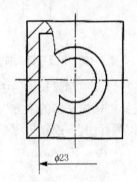

图 7-8　尺寸线的隐藏

2）"符号和箭头"选项卡

该选项卡用于设置箭头、圆心标记、弧长符号和半径标注弯折的格式和特性，如图 7-9 所示。该选项卡的各选项功能如下。

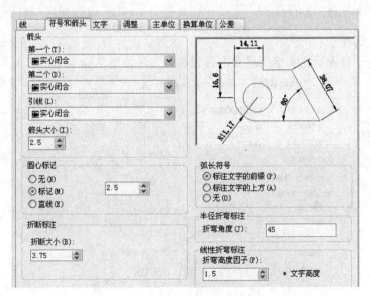

图 7-9　"符号和箭头"选择卡

"第一个"：设置第一条尺寸线的箭头类型。当改变第一个箭头的类型时，第二个箭头自动改变以匹配第一个箭头。

"第二个"：设置第二条尺寸线的箭头类型。当改变第二个箭头的类型时不影响第一个箭头的类型。两个箭头样式默认的是实心闭合箭头。在小尺寸连续标注时，一般将箭头样式设置为小点或无，如图7-10所示。

"引线"：设置指引线的箭头样式。

"箭头大小"：设置箭头大小的数值，机械制图中一般取4～6mm。

"圆心标记"：用于设置圆或圆心标记的类型和大小，如图7-11所示。机械制图中一般不需要圆心标记。

图7-10　小圆点箭头样式的应用　　　　图7-11　圆心标记

"弧长符号"：控制弧长标注中圆弧符号的显示与否和显示位置，如图7-12所示。机械制图中一般选择"标注文字的上方"。

"半径折弯标注"：控制折弯半径标注时的折弯角度，如图7-13所示。

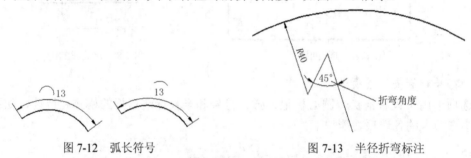

图7-12　弧长符号　　　　　　　　图7-13　半径折弯标注

3）"文字"选项卡

该选项卡用于设置标注文字的格式、放置和对齐，如图7-14所示。

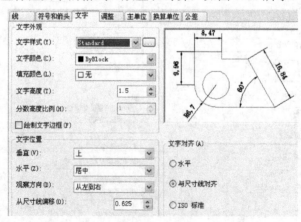

图7-14　"文字"选项卡

"文字样式"：用于选择或创建尺寸所使用的样式，默认为 Standard。其下拉列表框中列出了当前创建的所有文字样式名称。还可单击右边的 按钮，打开"文字样式"对话框来创建或修改文字样式。其他的一般不需要修改。

"文字位置"：用于控制标注文字的放置方式和位置。

上：文字放置在尺寸线的上方，如图 7-15（a）所示。

居中：文字放置在尺寸线的中断处，如图 7-15（b）所示。

外部：文字放置在尺寸线的外面，如图 7-15（c）所示。

机械制图一般选择上方、居中、从尺寸线偏移 1mm。

"文字对齐"：用于控制文字对齐方式。

水平：水平放置文字。

与尺寸线对齐：文字角度与尺寸线角度保持一致。

"ISO 标准"：当文字在尺寸界线时，文字与尺寸线对齐；当文字在尺寸界线外时，文字水平排列。

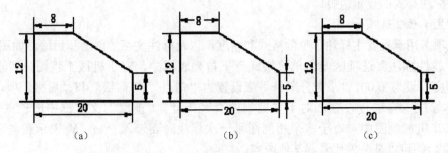

图 7-15　尺寸文字与尺寸线在垂直方向上的位置关系

例如在绘制机械图样时，标注角度尺寸应设置为"水平"，标注线性尺寸应设置为"与尺寸线对齐"，标注直径或半径尺寸应设置为合"ISO 标准"。

4）"调整"选项卡

该选项卡用于设置文字、箭头、引线和尺寸线的位置，如图 7-16 所示。

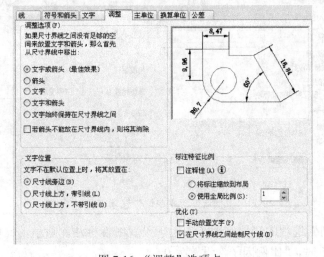

图 7-16　"调整"选项卡

"调整选项"：默认"文字或箭头（最佳效果）"选项。

"文字位置"：默认"尺寸线旁边"选项。

"优化"：默认"在尺寸界线之间绘制尺寸线"。

这些默认设置一般不需要修改。

"标注特征比例"中选项含义如下。

将标注缩放到布局：根据当前模型空间视口比例确定比例因子。该选项适用于需要打印两种或两种以上不同比例图样的图纸打印。此时图纸打印比例设置为 1:1，图形在模型空间按 1:1 绘制，不同图样的比例由每个模型空间视口比例控制。此时尺寸必须在被激活的模型空间视口内标注，由此可保证不同图样中尺寸数字、尺寸界线和箭头的大小均按标注样式的设定值打印。

使用全局比例：设置尺寸数字、尺寸界线和箭头等在图样中的缩放比例。该选项适用于仅要求打印同一比例图样的图纸，比例因子根据图纸打印比例设置。例如，绘图比例为 1:1，打印比例为 2:1，"使用全局比例(S)"设置为 0.5，则图样中尺寸数字、尺寸界线和箭头的大小按标注样式的设定值打印。

5）"主单位"选项卡

该选项卡用于设置主标注单位的格式和精度，以及标注文字的前缀和后缀，如图 7-17 所示。在"线性标注"选项区及"单位格式"下拉列表框中，对于机械工程图一般设为"小数"，"精度"设为 0.00，"小数分隔符"应设置为"句点"，"前缀"和"后缀"项可由用户根据具体标注内容进行设置。对于非圆视图直径尺寸，"前缀"文本框中应输入代表ϕ的"%%c"，在机械制图中，对于多个相同图素一次标注时要输入 $N-$（N 表示相同图素的个数）。尺寸后缀可以是公差代号或其他内容。

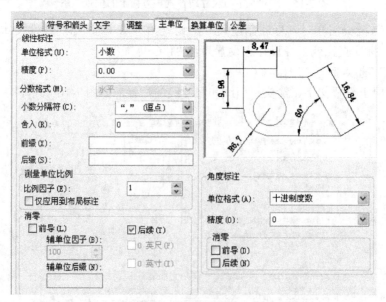

图 7-17 "主单位"选项卡

"测量单位比例"选项的"比例因子"用于设置线性标注测量值的比例（角度除外）。例如当绘图比例为 2:1 时，"比例因子"设置为 0.5。

在"角度标注"选项区域中，对于机械制图一般"单位格式"下拉列表框设为"十进制度数"，"精度"下拉列表框设定为 0。

6）"换算单位"选项卡

"换算单位"选项卡用于确定换算单位的格式，只有选择"显示换算单位"后才能进行设置。一般不设置。

7）"公差"选项卡

控制标注文字中公差的格式，如图 7-18 所示。该选项卡一般只需要设置"公差格式"选项区域。

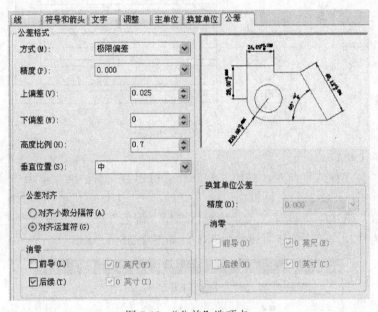

图 7-18 "公差"选项卡

在"公差格式"选项区域中，当在"方式"下拉列表框里选择"极限偏差"时，"精度"下拉列表框设定为 0.000。"上偏差"列表框中默认值为正偏差，需要输入 0.025，"下偏差"列表框中默认值为负偏差，故对-0.02 只需输入 0.02。

当在"方式"下拉列表框里选择"对称"时，仅输入上偏差值即可。AutoCAD 自动把下偏差的输入值作为负值处理。

"高度比例"微调框用于显示和设置偏差文字的当前高度。对称公差的高度比例应设置为 1，而极限偏差的高度比例应设置为 0.7。

"垂直位置"下拉列表框用于控制对称偏差和极限偏差的文字对齐方式，应设置为"中"。

7.1.2　建立尺寸标注样式

本节主要介绍如何利用标注样式管理器新建或修改标注的样式。

技能训练

【**例 7-1**】 如图 7-19 设置尺寸标注样式，要求尺寸参数：设置所有线的颜色为"蓝色"，文字颜色为"蓝色"，文字高度为 3.5，箭头长度为 3，超出尺寸线为 2，起点偏移量为 0，尺寸数字精确到个位数。

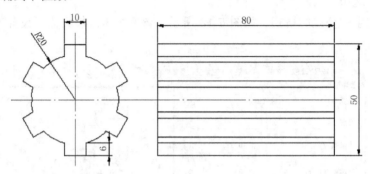

图 7-19 例图

操作过程如下：

（1）执行"标注样式"命令，弹出"标注样式管理器"对话框，单击"修改"按钮，弹出"修改标注样式：ISO-25"对话框。

（2）在"线"选项卡下设置：尺寸线颜色选择"蓝色"，尺寸界线颜色选择"蓝色"，超出尺寸线设置为"2"，起点偏移量设置为"0"，如图 7-20 所示。

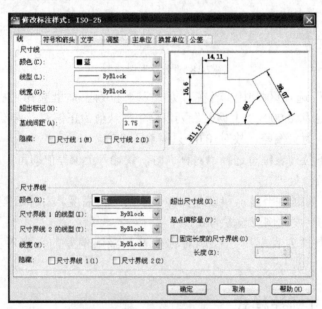

图 7-20 "线"选项卡

（3）单击"符号和箭头"选项卡，将箭头大小设置为"3"，其他采用默认设置，如图 7-21 所示。

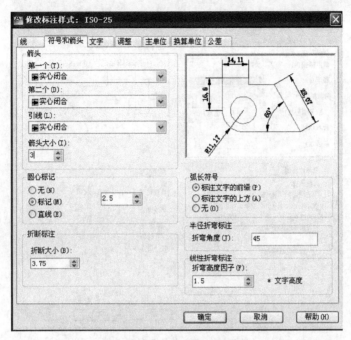

图 7-21 "符号和箭头"选项卡

（4）单击"文字"选项卡，文字颜色设置为"蓝色"，文字高度设置为"3.5"，如图 7-22 所示。

图 7-22 "文字"选项卡

（5）单击"主单位"选项卡，将精度设置为"0"，如图 7-23 所示。

（6）单击"确定"按钮完成设置。

图 7-23 "主单位"选项卡

7.2 尺寸标注类型

表 7-1 列出了尺寸标注的常用命令，以供初学者熟悉。

表 7-1 尺寸标注命令一览表

序号	命令名称	命令输入	按钮	菜单命令	说　明
1	线性标注	Dimlinear		"标注" → "线性"	创建水平或垂直的线性尺寸
2	对齐标注	Dimaligned		"标注" → "对齐"	创建与指定位置或对象平行的标注
3	弧长标注	Dimarc		"标注" → "弧长"	创建弧长标注
4	坐标标注	Dimordinate		"标注" → "坐标"	创建坐标标注
5	半径标注	Dimradius		"标注" → "半径"	创建圆或圆弧的半径标注
6	折弯标注	Dimjogged		"标注" → "折弯"	创建圆或圆弧的折弯标注
7	直径标注	Dimdiameter		"标注" → "直径"	创建圆或圆弧的直径标注
8	角度标注	Dimangular		"标注" → "角度"	创建角度标注
9	基线标注	Dimbaseline		"标注" → "基线"	从上一个或选定标注的基线作连续的线性、角度或坐标标注
10	连续标注	Dimcontinue		"标注" → "连续"	创建从上一次所创建标注的延伸线处开始的标注
11	快速标注	Qdim		"标注" → "快速标注"	从选定对象中快速创建一组标注
12	标注间距	Dimspace		"标注" → "标注间距"	调整线性标注或角度标注之间的间距

续表

序号	命令名称	命令输入	按钮	菜单命令	说　明
13	标注打断	Dimbreak		"标注" → "标注打断"	在标注和尺寸界线与其他对象的相交处打断或恢复标注和尺寸界线
14	多重引线	Mleader		"标注" → "多重引线"	将引线添加至多重引线对象
15	公差标注	Tolerance		"标注" → "公差"	创建包含在特征控制框中的形位公差
16	圆心标记	Dimcenter		"标注" → "圆心标记"	创建圆和圆弧的圆心标记或中心线
17	检验	Diminspect		"标注" → "检验"	为选定的标注添加或删除检验信息
18	折弯线性	Dimjogline		"标注" → "折弯线性"	在线性标注或对齐标注中添加或删除折弯线
19	倾斜	Dimedit		"标注" → "倾斜"	编辑标注文字和尺寸界线
20	文字对齐	Dimtedit		"标注" → "文字对齐"	移动和旋转标注文字并重新定位尺寸线
21	标注样式	Dimstyle		"标注" → "标注样式"	创建或修改标注样式
22	替代	Dimoverride		"标注" → "替代"	控制选定标注中使用的系统变量的替代值

7.2.1　线性标注

本节介绍线性标注的方法及各选项的含义。线性标注可以水平、垂直或对齐放置。执行线性标注主要有两种方式，一是通过指定尺寸界线原点创建标注，二是通过选择要标注的对象创建标注。

 理论指导

执行"线性标注"命令，命令行提示如下：

命令: _dimlinear
指定第一个尺寸界线原点或 <选择对象>:
指定第二条尺寸界线原点:
指定尺寸线位置或
[多行文字(M)/文字(T)/角度(A)/水平(H)/垂直(V)/旋转(R)]:

提示的各选项的意义如下。

（1）多行文字（M）：选择该选项将进入多行文字编辑模式，可以使用"多行文字编辑器"对话框输入并设置标注文字。其中，文字输入窗口中的尖括号(<>)表示系统测量值。

（2）文字（T）：以单行文字形式输入尺寸文字。

（3）角度（A）：设置标注文字的旋转角度。

（4）水平（H）和垂直（V）：标注水平尺寸和垂直尺寸。可以直接确定尺寸线的位置，也可以选择其他选项来指定标注的标注文字内容或标注文字的旋转角度。

（5）旋转（R）：旋转标注对象的尺寸线，用于对标注集倾斜尺寸。

如果在线性标注的命令行提示下直接按回车键，则要求选择要标注尺寸的对象。当选择了对象以后，AutoCAD 将自动以对象的两个端点作为两条延伸线的起点。

技能训练

【例7-2】 创建如图7-24所示的线性尺寸标注。

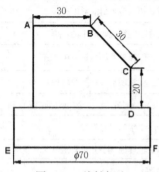

图7-24　线性标注

（1）在"功能区"选项板的"注释"选项卡中，单击"标注"面板中的"线性标注"按钮⊢⊣。

（2）在命令行提示下，依次捕捉 A 点和 B 点，向上引导光标，在合适位置处，单击鼠标左键，即可标注水平尺寸30。

（3）重复执行线性标注命令，在命令行提示下直接回车，切换到选择标注对象方式，单击 CD 直线，向右引导光标，在合适位置处，单击鼠标左键，即可标注垂直尺寸20。

（4）重复执行线性标注命令，在命令行提示下依次捕捉 B 点和 C 点，向右上方引导光标，命令行输入"R"，选择"旋转 R"选项，再输入角度"-45"，在适合位置上单击鼠标左键，即可标注倾斜尺寸30。

（5）重复执行线性标注命令，在命令行提示下依次捕捉 E 点和 F 点，向右下引导光标，命令行输入"T"，选择"文字 T"选项，再输入"%%C70"，回车结束输入，在适合位置上单击鼠标左键即可标注尺寸$\phi70$。

7.2.2　对齐标注

本节介绍对齐尺寸标注的方法及各选项的含义。

理论指导

在对直线段进行标注时，如果该直线的倾斜角度未知，那么使用"线性标注"的方法将无法得到准确的测量结果，这时可以使用"对齐标注"。

"对齐标注"的使用方法与"线性标注"相同。

技能训练

【例7-3】 创建如图7-25所示的对齐标注

（1）在"功能区"选项板的"注释"选项卡中，单击"标注"面板中的"对齐标注"按钮↗。

（2）在命令行提示下，依次捕捉 A 点和 B 点，向上引导光标，在合适位置处，单击鼠标左键，即可标注倾斜的尺寸80。

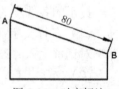

图7-25　对齐标注

7.2.3　角度标注

本节介绍角度标注的方法及各选项的含义。

理论指导

利用"角度标注"不仅可以标注两条呈一定角度的直线或 3 个点之间的夹角，还可以标注圆弧的圆心角。在机械制图中要求角度尺寸文字一律水平书写，因此在创建尺寸标注样式的时候需要新建一种用于角度标注的样式，该样式将文字对齐设置成"水平"，其他设置不变。

执行"角度标注"命令，命令行提示如下：

命令：_dimangular
选择圆弧、圆、直线或 <指定顶点>：
提示的各选项的意义如下：
选择圆弧：标注圆弧的中心角。当选择一段圆弧后，命令行提示与操作如下：
指定标注弧线位置或 [多行文字(M)/文字(T)/角度(A)/象限点(Q)]：

在此提示下确定尺寸线的位置，系统按自动测量得到的值标注出相应的角度，在此之前还可以选择"多行文字"、"文字"、"角度"或"象限点"选项，通过多行文本编辑器或命令行来输入或定制尺寸文本，以及指定尺寸文本的倾斜角度。

提示的各选项的意义如下。

（1）选择圆：标注圆上某段圆弧的中心角。当选择圆上的一点后，命令行提示与操作如下：

指定角的第二个端点：（选择另一点，该点可在圆上，也可不在圆上）
指定标注弧线位置或 [多行文字(M)/文字(T)/角度(A)/象限点(Q)]：

在此提示下确定尺寸线的位置，系统标注出一个角度值，该角度以圆心为顶点，两条尺寸延伸线通过所选取的两点，第二点可以不必在圆周上。在此之前还可以选择"多行文字"、"文字"、"角度"或"象限点"选项，编辑其尺寸文本或指定尺寸文本的倾斜角度，如图 7-26 所示。

（2）选择直线：标注两条直线间的的夹角。当选择一条直线后，命令行提示与操作如下：

选择第二条直线：
指定标注弧线位置或 [多行文字(M)/文字(T)/角度(A)/象限点(Q)]：

在此提示下确定尺寸线的位置，系统标注出两条直线之间的夹角。该角度以两条直线的交点为顶点，以两条直线为尺寸延伸线，所标注角度取决于尺寸线的搁置，如图 7-27 所示。

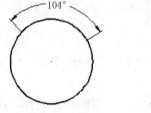

图 7-26 标注圆心角

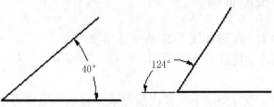

图 7-27 标注两直线的夹角

在此之前还可以选择"多行文字"、"文字"、"角度"或"象限点"选项，编辑其尺寸文本或指定尺寸文本的倾斜角度。

（3）指定顶点：直接按回车键，命令行提示与操作如下：

指定角的顶点：（指定顶点）

指定角的第一个端点：（输入角的第一个端点）

指定角的第二个端点：（输入角的第二个端点，创建无关联标注）

指定标注弧线位置或 [多行文字(M)/文字(T)/角度(A)/象限点(Q)]：

在此提示下给定尺寸线的位置，系统根据指定的三点标注出角度，如图 7-28 所示。在此之前还可以选择"多行文字"、"文字"、"角度"或"象限点"选项，编辑其尺寸文本或指定尺寸文本的倾斜角度。

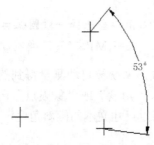

图 7-28　指定三点确定的角度

（4）指定标注弧线：指定尺寸线的位置并确定绘制延伸线的方向。指定位置之后，该命令将结束。

（5）多行文字（M）：可用它来编辑标注文字。要添加前缀或后缀，在生成的测量值前后输入前缀或后缀，用控代码和 Unicode 字符串来输入特殊字符或符号。

（6）文字（T）：自定义标注文字，生成的标注测量值显示在尖括号中，命令行提示与操作如下：

输入标注文字 <当前>：

输入标注文字，或按回车键接受生成的测量值。要包括生成的测量值，请用尖括号(◇)表示生成的测量值。

（7）角度（A）：修改标注文字的角度。

（8）象限点（Q）：指定标注应锁定到的象限。打开象限行为后，将标注文字放置在角度标注注外时，尺寸线会延伸超过延伸线。

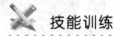 **技能训练**

【例 7-4】　创建如图 7-29 所示的角度标注。

（1）在"功能区"选项板的"注释"选项卡中，单击"标注"面板中的"角度标注"按钮△。

（2）在命令行提示下，依次捕捉水平直线和倾斜点画线，向右侧引导光标，在合适位置处，单击鼠标左键，即可标注角度尺寸 18。

（3）重复执行角度标注命令，在命令行提示下，捕捉大圆弧，向右侧引导光标，在合适位置外单击鼠标左键，即可标注角度尺寸 122。

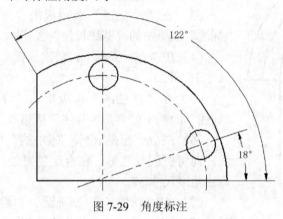

图 7-29　角度标注

7.2.4　基线标注

本节介绍基线标注的方法及各选项的含义。

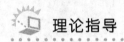

基线标注用于以同一尺寸界线为基准的一系列尺寸标注，即从某一点引出的尺寸界线作为第一条尺寸界线，依次进行多个对象的尺寸标注。在创建基线标注或连续标注之前，必须创建线性标注、对齐标注或角度标注。由于基线标注两尺寸间的距离是由基线间距决定的，所以在标注基准尺寸之前需要先在尺寸标注样式里将"基线间距"设置好。

执行"基线标注"命令，命令行提示如下：

命令：_dimbaseline

指定第二条尺寸界线原点或 [放弃(U)/选择(S)] <选择>：

指定第二条尺寸延伸线原点：(直接确定另一个尺寸的第二条尺寸延伸线的起点，系统以上一次标注的尺寸为基准标注，标注出相应尺寸。)

选择（S）：在上述提示下直接按回车键，命令行提示与操作如下：

选择基准标注：选择作为基准的尺寸标注，选择点距离近的尺寸界线作为基准。

注意：在为基线标注选取基线时，所选择的尺寸界线必须是线性尺寸、角度尺寸或坐标尺寸中的一种。

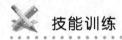

【例 7-5】　创建如图 7-30 所示的基线标注。

（1）在"功能区"选项板的"注释"选项卡中，单击"标注"面板中的"线性标注"按钮┣。

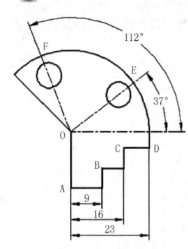

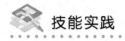

图 7-30　基线标注

（2）在命令行提示下，依次捕捉 A 点和 B 点，向下引导光标，在合适位置处单击鼠标左键，即可标注尺寸 9。

（3）在"功能区"选项板的"注释"选项卡中，单击"标注"面板中的"基线标注"按钮。

（4）在命令行提示下，依次捕捉 C 点和 D 点，即可标注尺寸 16 和 23。

（5）在"功能区"选项板的"注释"选项卡中，单击"标注"面板中的"角度标注"按钮。

（6）在命令行提示下，依次选择 OE 点画线和水平点画线，向可侧引导光标，在合适位置处，单击鼠标左键，即可标注角度尺寸 37。

（7）在"功能区"选项板的"注释"选项卡中，单击"标注"面板中的"基线标注"按钮。

（8）在命令行提示下，选择 OF 直线，即可标注角度尺寸 112。

技能实践

用相关标注命令完成下图 7-31 所示图形的尺寸标注。

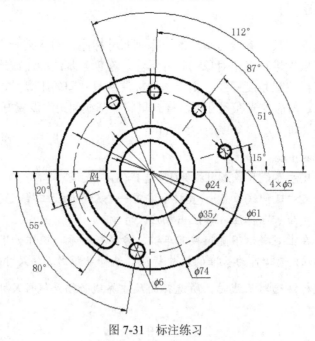

图 7-31　标注练习

7.2.5　直径标注

本节介绍直径标注的方法及各选项的含义。

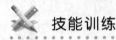
理论指导

直径标注用于测量选定圆或圆弧的直径，并显示前面带有直径符号的标注文字。

执行"直径标注"命令，命令行提示如下：

命令：_dimdiameter
选择圆弧或圆：（选择要标注直径的圆或圆弧）
指定尺寸线位置或 [多行文字(M)/文字(T)/角度(A)]：（确定尺寸线的位置或选择某一选项）

提示的各选项的意义如下。

（1）尺寸线位置：确定尺寸线的角度和标注文字的位置。如果未将标注放置在圆弧上而导致标注指向圆弧外，则系统会自动绘制圆弧延伸线。

（2）多行文字(M)：显示在位文字编辑器，可用它来编辑标注文字。如果要添加前缀或后缀，则在生成的测量值前后输入前缀或后缀。用控制代码和 Unicod 字符串来输入特殊字符或符号。

（3）文字(T)：自定义标注文字，生成的标注测量值显示在尖括号(‹›)中。
（4）角度(A)：修改标注文字的角度。

技能训练

【例7-6】　创建如图 7-32 所示图形的直径标注。

（1）在"功能区"选项板的"注释"选项卡中，单击"标注"面板中的"直径标注"按钮◎。

（2）在命令行提示下，捕捉中间小圆，向右引导光标，在合适位置处，单击鼠标左键，即可标注尺寸φ8。

（3）重复执行直系标注命令，在命令行提示下，捕捉点画线圆，向左引导光标，在合适位置处单击鼠标左键，即可标注尺寸φ36。

（4）重复执行直系标注命令，在命令行提示下，捕捉大圆，向右引导光标，在合适位置处，单击鼠标左键，即可标注尺寸φ50。

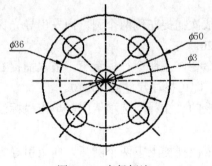

图 7-32　直径标注

7.2.6 半径标注

本节介绍半径标注的方法及各选项的含义。

理论指导

半径标注可以标注圆或圆弧的半径尺寸，并显示前面带有半径符号的标注文字。

执行"半径标注"命令，命令行提示如下：

命令: _dimradius
选择圆弧或圆:（选择要标注半径的圆或圆弧）
指定尺寸线位置或 [多行文字(M)/文字(T)/角度(A)]:（确定尺寸线的位置或选择某一选项）

各选项功能与直径标注各选项的功能一样，可以选择"多行文字"、"文字"或"角度"选项来输入、编辑尺寸文本或确定尺寸文本的倾斜角度，也可以直接确定尺寸线的位置，标注出指定圆或圆弧的半径。

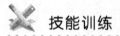
技能训练

【例 7-7】 创建如图 7-33 所示图形的半径标注。

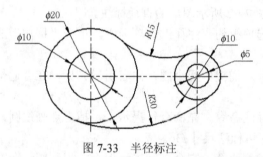

图 7-33 半径标注

（1）在"功能区"选项板的"注释"选项卡中，单击"标注"面板中的"直径标注"按钮🔘。

（2）在命令行提示下，依次捕捉左侧两个圆，向左引导光标，在合适位置处，单击鼠标左键，即可标注尺寸 $\phi10$ 和 $\phi20$。

（3）重复执行直径标注命令，在命令行提示下，依次捕捉右侧两个圆，向右引导光标，在合适位置处单击鼠标左键，即可标注尺寸 $\phi5$ 和 $\phi10$。

（4）在"功能区"选项板的"注释"选项卡中，单击"标注"面板中的"半径标注"按钮🔘。

（5）在命令行提示下，依次捕捉上下两个圆弧，向上引导光标，在合适位置处单击鼠标左键，即可标注尺寸 $R15$ 和 $R30$。

7.2.7 引线标注

引线标注可以标注特定的尺寸，如圆角、倒角等，还可以实现在圆中添加多行旁注、说明。

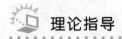 **理论指导**

在引线标注中指引线可能是折线，也可以是曲线，指引线端部可以有箭头，也可以没有箭头。引线标注可以分为快速引线标注和多重引线标注。

利用 Leader 命令可以创建灵活多样的引线标注形式，可根据需要把引线设置为拆线或曲线。指引线可带箭头，也可不带箭头。注释文本可以是多行文本，也可以是形位公差，可以从图形其他部位复制，也可以是一个图块。

执行引线标注命令后命令行出现下列提示：

命令：LEADER

指定引线起点:（输入指引线的起始点）

指定下一点:（输入指引线的另一点）

指定下一点或 [注释(A)/格式(F)/放弃(U)] <注释>:

提示的各选项的意义如下。

（1）指定下一点：直接输入一点，系统根据前面的点绘制出折线作为指引线。

（2）注释(A)：输入注释文本，为默认项。在此提示下直接按回车键，命令行提示如下：

输入注释文字的第一行或 <选项>:

① 输入注释文字。在此提示下输入第一行文字后按回车键，用户可继续输入第二行文字，如此反复执行，直到输入全部注释文字，然后在此提示下直接按回车键，系统会在指引线终端标注出所输入的多行文本文字，并结束 Leader 命令。

② 直接按回车键。如果在上面的提示下直接按回车键，命令行提示如下：

输入注释选项 [公差(T)/副本(C)/块(B)/无(N)/多行文字(M)] <多行文字>:

在此提示下选择一个注释选项或直接按回车键默认选择"多行文字"选项，其他各选项的含义如下：

● 公差(T)：标注形位公差。

● 副本(C)：把已利用 Leader 命令创建的注释复制到当前指引线的末端。选择该选项，命令行提示如下：

选择要复制的对象:

在此提示下选择一个已创建的注释文本，则系统把它复制到当前指引线的末端：

● 块(B)：插入块，把已经定义好的图块插入到指引线的末端。选择该选项，命令行提示如下：

输入块名或[?]

此提示下输入一个已定义好的图块名，AutoCAD 把该图块插入到指引线的末端，或输入"？"列出当前已有图块，可从中选择。

● 无（N）：不进行注释，没有注释文本。
● 多行文字（M）：用多行文本编辑器标注注释文本，并定制文本格式为默认选项。

（3）格式（F）：确定指引线的形式。选择该选项，命令行提示如下：

输入引线格式选项[样条曲线(S)/直线(ST)/箭头(A)/无(N)]<退出>：

选择指引线形式，或直接按回车键返回上一级提示。
① 样条曲线（S）：设置指引线为样条盐线。
② 直线（ST）：设置指引线为折线。
③ 箭头（A）：在指引线的起始位置画箭头。
④ 无（N）：在指引线的起始位置不画箭头。
⑤ 退出：此项为默认选项，选择该选项退出"格式(F)"选项，返回"指定下一点或[注释(A)/格式(F) / 放弃(U)]<注释>"提示，并且指引线形式按默认方式设置。

7.2.8　快速引线标注

快速引线标注命令可快速生成指引线及注释。

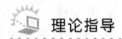
理论指导

"快速引线标注"命令是 AutoCAD 常用的引线标注命令。执行过程中可以通过命令行优化对话框进行自定义，由此可以消除不必要的命令行提示，获得较高的工作效率。

执行"快速引线标注"命令后命令行出现下列提示：

命令: QLEADER
指定第一个引线点或 [设置(S)] <设置>：

（1）指定第一个引线点：在上面的提示下确定一点作为指引线的第一点，命令行提示如下：

指定下一点：（输入指引线的第二点）
指定下一点：（输入指引线的第三点）

系统提示输入点的数量由"引线设置"对话框（如图 7-34 所示）设置。
输入完指引线的点后，命令行提示如下：

指定文字宽度<0.0000>：（输入多行文本文字的宽度）
输入注释文字的第一行<多行文字(M) >：

图 7-34 "引线设置"对话框

此时，有两种命令输入选择，含义如下。

① 输入注释文字的第一行：在命令行输入第一行文本文字，命令行提示如下：

输入注释文字的下一行：（输入另一行文本文字）

输入注释文字的下一行：（输入另一行文本文字或按回车键）

② 多行文字（M）：打开多行文字编辑器，输入编辑多行文字。

输入全部注释文本后，在此提示下直接按回车键，系统结束 Qleader 命令，并把多行文本标注在指引线的末端附近。

（2）设置：在上面的提示下直接按回车键或输入"S"，系统弹出"引线设置"对话框，如图 7-34 所示，可以在其中对引线的注释、引出线和箭头、附着等参数进行设置，下面分别进行介绍。

①"注释"选项卡：用于设置引线标注中注释文本的类型、多行文本的格式并确定注释文本是否次使用。

② "引线和箭头"选项卡如图 7-35 所示，用于设置引线标注中指引线和箭头的形式。其中"点数"选项组用于设置执行 QleadeR 命令时，系统提示输入的点的数量。例如，设置点数为 3，执行 Qleader 命令时，当用户在提示下指定 3 个点后，系统自动提示用户输入注释文本。注意设置的点数要比用户希望的指引线段数多 1，可利用微调框进行设置，如果勾选"无限制"复选框，则系统会一直提示输入点直到连续按回车键两次为止。"角度约束"选项组设置第一段和第二段指引线的角度约束。

图 7-35 "引线和箭头"选项卡

③"附着"选项卡如图 7-36 所示，用于设置注释文本和指引线的相对位置。如果最后一段指引线指向右边，系统自动把注释文本放在右侧；如果最后一段指引线指向左边，系统自动把注释文本放在左侧。利用本页左侧和右侧的单选钮分别设置位于左侧和右侧的注释文本与最后一段指引线的相对位置，二者可相同也可不相同。

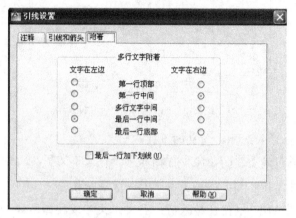

图 7-36 "附着"选项卡

7.2.9 多重引线标注

能够快速地标注装配图的证件号和引出公差，而且能够更清楚的标识制图的标准、说明等内容。

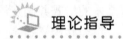 理论指导

使用"多重引线"工具添加和管理所需的引出线，还可以通过修改多重引线的样式对引线的格式、类型以及内容进行编辑。

执行"多重引线"命令，命令行提示如下：

指定引线箭头的位置或 [引线基线优先(L)/内容优先(C)/选项(O)] <选项>:

在图形中单击确定引线箭头位置；然后在打开的文字出入窗口中输入注释内容即可。

单击"多重引线"工具栏中的"添加引线"按钮 ⌒°，可以为图形继续添加多个引线和注释。

通过"多重引线样式管理器"可以设置"多重引线"的箭头、引线、文字特征，在 AutoCAD 2012 中打开"多重引线样式管理器"有如下几种常用方法。

（1）命令行：Mleaderstyle/Mls。

（2）功能区："引线"面板右下角 ⌐ 按钮。

（3）工具栏："多重引线"→ ⌐。

（4）菜单栏："格式"→"多重引线样式"。

执行以上任意一种方法，系统均将弹出"多重引线样式管理器"对话框。

　　该对话框和"标注样式管理器"对话框功能类似，可以设置多重引线的格式、结构和内容。单击"新建"按钮，系统弹出"创建新多重引线样式"对话框。在"创建新多重引线样式"对话框中可以创建多重引线样式。

　　设置了新样式的名称和基础样式后，单击该对话框中的"继续"按钮，系统弹出"修改多重引线样式"对话框，可以创建多重引导线的格式、结构和内容。

　　用户自定义"多重引线样式"后，单击"确定"按钮。然后在"多重引线样式管理器"对话框将新建样式置为当前即可。

技能训练

【例 7-8】　创建如图 7-37 所示图形的引线标注。

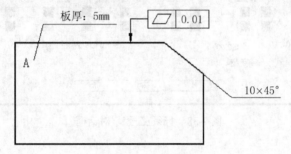

图 7-37　引线标注

　　（1）在命令行输入 QL，在命令行提示下直接按回车键，在弹出的"引线设置"对话框中设置注释类型为"多行文字"；箭头类型设置为"无"，点数设置为"2"；"附着"选项卡中将"最后一行加下画线"前的复选框勾选上，单击"确定"按钮。

　　（2）在命令行提示下，进行如下操作：

　　　　命令:QLEADER
　　　　指定第一个引线点或 [设置(S)] <设置>：
　　　　指定下一点：（从 A 点开始向右上角画直线）
　　　　指定文字宽度 <0>：（直接回车）
　　　　输入注释文字的第一行 <多行文字(M)>：（输入"板厚：5mm"）回车结束命令。

　　（3）重复执行快速引线标注命令，在命令行提示下直接按回车键，在弹出的"引线设置"对话框中设置注释类型为"多行文字"；箭头类型设置为"无"，点数设置为"2"；"附着"选项卡中将"最后一行加下画线"前的复选框勾选上，单击"确定"按钮。

　　（4）在命令行提示下，进行如下操作：

　　　　命令:QLEADER
　　　　指定第一个引线点或 [设置(S)] <设置>：
　　　　指定下一点：（从倾斜线下端点开始向右下角画线）
　　　　指定文字宽度 <0>：（直接回车）
　　　　输入注释文字的第一行 <多行文字(M)>：（输入"10×45%%D"）回车结束命令。

（5）重复执行快速引线标注命令，在命令行提示下直接按回车键，在弹出的"引线设置"对话框中设置注释类型为"公差"；箭头类型设置为"实心闭合"，点数设置为"3"，单击"确定"按钮。

（6）在命令行提示下，进行如下操作：

命令:QLEADER
指定第一个引线点或 [设置(S)] <设置>:
指定下一点：（从上直线处向上和向右画线）

弹出"形位公差"对话框，进行如图 7-38 所示设置，然后单击"确定"按钮。

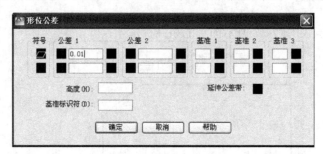

图 7-38 "形位公差"对话框

7.2.10 尺寸公差的标注

在零件图中尺寸公差是经常出现的一标注，一般是在标注尺寸的时候进行一系列的设置后标出的。

 理论指导

利用尺寸标注管理器中的"公差"选项卡可以进行尺寸公差标注方面的各种设置。在"公差"选项卡中，"公差格式"选项组用于确定公差的标注格式，通过其可以确定以何种方式标注公差（对称、极限偏差及极限尺寸等）、尺寸公差的精度以及设置尺寸的上偏差和下偏差等。通过此选项卡的设置后进行尺寸标注，就可以标注出对应的公差。

当标注的尺寸公差不一样时，该方法就不太方便了，实际可以通过"在位文字编辑器"很方便地标注公差。

 技能训练

【例 7-9】 创建如图 7-39 所示的尺寸公差标注。

执行线性标注命令，命令行出现如下提示：

指定第一个尺寸界线原点或<选择对象>：（捕捉第一端点）
指定第二条尺寸界线原点：（捕捉第二端点）
指定尺寸线位置或[多行文字(M)/文字(T)/角度(A)/水平(H)/垂直(V)/旋转(R)]: m

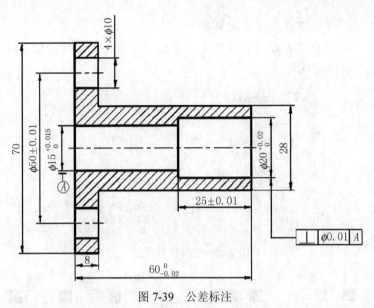

图 7-39 公差标注

弹出文字编辑器，把光标移动到测量尺寸的前端，输入"%%C"（如果要更改测量值，删除输入新值）。

再把光标移动到测量后面，输入"+0.015^ 0"（注意数值 0 前有空格），然后选中"+0.015^ 0"，单击工具栏上的"堆叠"按钮实现堆叠。

7.2.11　形位公差的标注

形位公差包括形状公差和位置公差，它是指零件的实际形状和实际位置对理想形状和理想位置的允许变动量。对于一般零件来说，它的形位公差可以由尺寸公差和加工设备的精度进行保证；而对于要求较高的零件，则需根据设计要求在零件图上标注出有关的形位公差。

理论指导

在产品设计及工程施工时很难做到分毫无差，因此必须考虑形位公差标注。最终产品不仅有尺寸误差，而且还有形状上的误差和位置上的误差。通常将形状误差和位置误差统称为"形位误差"，这类误差影响产品的功能，因此设计时应规定相应的"公差"，并按规定的标准符号标注在图样上。

技能训练

【例 7-10】　创建如图 7-39 所示图形的形位公差标注。

命令：QLEADER

指定第一个引线点或 [设置(S)] <设置>：（回车弹出"引线设置"对话框，进行如图 7-40 设置）单击"确定"按钮。

指定第一个引线点或 [设置(S)] <设置>：（捕捉尺寸 ϕ20 的尺寸线下端点）

指定下一点：（向下在合适点处单击）

指定下一点：（向右在合适点处单击，弹出"形位公差"对话框，进行如图 7-41 设置。单击"确定"按钮完成标注）

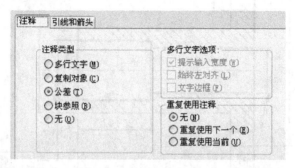

图 7-40　设置注释类型

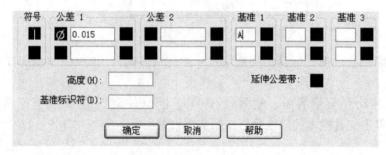

图 7-41　形位公差设置

 技能实践

完成如图 7-42 所示图形的尺寸标注。

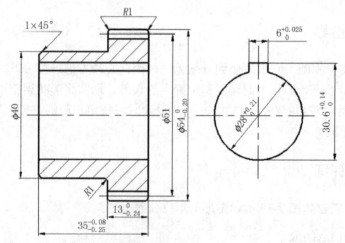

图 7-42　标注练习

7.3 尺寸标注编辑

AutoCAD 2012 中，可以对已经创建好的尺寸标注进行编辑操作，所做的编辑操作包括修改尺寸文本的包容、尺寸文字的位置、改变箭头的显示样式以及尺寸界线的位置等。编辑尺寸标注的主要命令有"DIMEDIT"、"DIMTEDIT"和"DDEDIT"，其中前两个编辑命令在工具栏中有对应的工具按钮，分别为"编辑标注"工具按钮 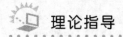 和"编辑标注文字"工具按钮 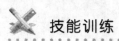 。

7.3.1 编辑标注

掌握编辑标注命令的使用方法及各选项的含义。

理论指导

编辑标注用于调整标注文字的位置、修改标注文字的内容、旋转文字及倾斜尺寸界线等，主要用于将尺寸界线倾斜。

执行"编辑标注"命令后，此时命令行提示如下：

命令：DIMEDIT

输入标注编辑类型 [默认(H)/新建(N)/旋转(R)/倾斜(O)] <默认>：

各选项含义如下。

（1）"默认（H）"：选择该选项并选择尺寸对象，可以按默认位置和方向放置尺寸文字。

（2）"新建（N）"：选择该选项可以修改尺寸文字，此时系统将显示"文字格式"工具栏和文字输入窗口。修改或输入尺寸文字后，选择需要修改的尺寸对象即可。

（3）"旋转（R）"：选择该选项可以将尺寸文字旋转一定的角度，同样是先设置角度值，然后选择尺寸对象。

（4）"倾斜（O）"：选择该选项可以使非角度标注的延伸线倾斜一角度。这时需要先选择尺寸对象，然后设置倾斜角度值。

技能训练

【例 7-11】 将图 7-43 （a）所示图形尺寸修改为图 7-43 （b）的尺寸。

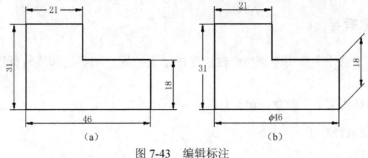

图 7-43 编辑标注

操作步骤如下：

（1）　修改尺寸21。

命令：DIMEDIT

输入标注编辑类型 [默认(H)/新建(N)/旋转(R)/倾斜(O)] <默认>:↓

选择对象：（选择倾斜的尺寸21）

选择对象：（回车结束选择）

（2）修改尺寸31。

命令：DIMEDIT

输入标注编辑类型 [默认(H)/新建(N)/旋转(R)/倾斜(O)] <默认>:R↓

指定标注文字的角度:45

选择对象：（选择尺寸31）

选择对象：↓

（3）修改尺寸46。

命令：DIMEDIT

输入标注编辑类型 [默认(H)/新建(N)/旋转(R)/倾斜(O)] <默认>:N↓

此时出现文本编辑器，在测量尺寸前面输入"%%C"，在文本框外面任意一处单击

选择对象：（选择尺寸46）

选择对象：↓

（4）修改尺寸18。

命令：DIMEDIT

输入标注编辑类型 [默认(H)/新建(N)/旋转(R)/倾斜(O)] <默认>:O↓

选择对象：（选择尺寸18）

选择对象：↓

输入倾斜角度 (按回车键表示无):45

7.3.2　编辑标注文字

本节介绍编辑标注文字命令的使用方法及各选项的含义。

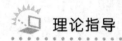
理论指导

编辑标注文字命令主要用于调整标注文字的放置位置，如移动和旋转标注文字，重新定位尺寸线。

执行"编辑标注文字"命令，命令行提示如下：

命令: DIMTEDIT

选择标注:

为标注文字指定新位置或 [左对齐(L)/右对齐(R)/居中(C)/默认(H)/角度(A)]:

各选项含义如下:

(1)"左对齐(L)":将尺寸文本放置在尺寸线的左部,对线性、半径和直径尺寸标注起作用。

(2)"右对齐(R)":将尺寸文本放置在尺寸线的右部,对线性、半径和直径尺寸标注起作用。

(3)"居中(C)":把标注文本放置在尺寸线的中间位置。

(4)"默认(H)":将标注的文本按照默认位置放置。

(5)"角度(A)":设定标注文本的倾斜角度。

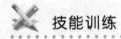
技能训练

【例 7-12】 修改图 7-44 所示图形尺寸,将图 7-44(a)尺寸标注修改成图 7-44(b)尺寸标注。

操作步骤如下:

(1)修改尺寸 21。

命令: DIMEDIT

输入标注编辑类型 [默认(H)/新建(N)/旋转(R)/倾斜(O)] <默认>:↓

选择对象:(选择倾斜的尺寸 21)

选择对象:(按回车键结束选择)

(2)修改尺寸 31。

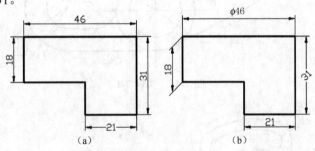

图 7-44 修改标注

命令: DIMEDIT

输入标注编辑类型 [默认(H)/新建(N)/旋转(R)/倾斜(O)] <默认>:R↓

指定标注文字的角度:45

选择对象:(选择尺寸 31)

选择对象:↓

(3)修改尺寸 46。

命令: Dimedit

输入标注编辑类型 [默认(H)/新建(N)/旋转(R)/倾斜(O)] <默认>:N↓

此时出现文本编辑器，在测量尺寸前面输入"%%C"，在文本框外面任意一处单击。

选择对象：（选择尺寸46）

选择对象：↓

（4）修改尺寸18。

命令：DIMEDIT

输入标注编辑类型 [默认(H)/新建(N)/旋转(R)/倾斜(O)] <默认>:O↓

选择对象：（选择尺寸18）

选择对象：↓

输入倾斜角度:45（按回车键表示无）

拓展技能实训

根据本章所学内容完成图7-45～图7-50的绘制。

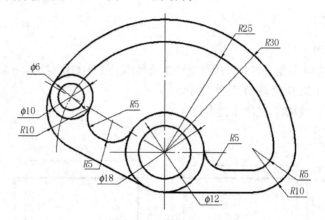

图7-45 实训7-1

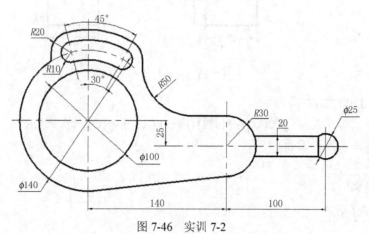

图7-46 实训7-2

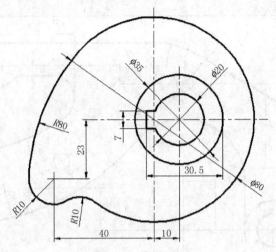

图 7-47 实训 7-3

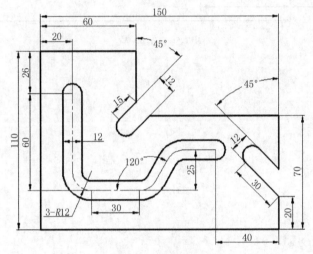

图 7-48 实训 7-4

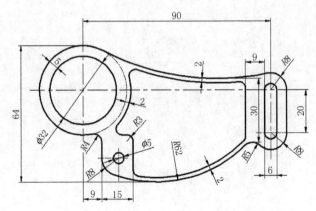

图 7-49 实训 7-5

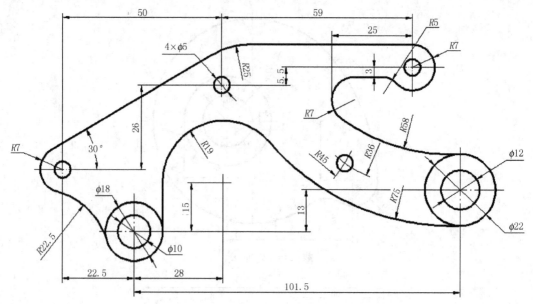

图 7-50 实训 7-6

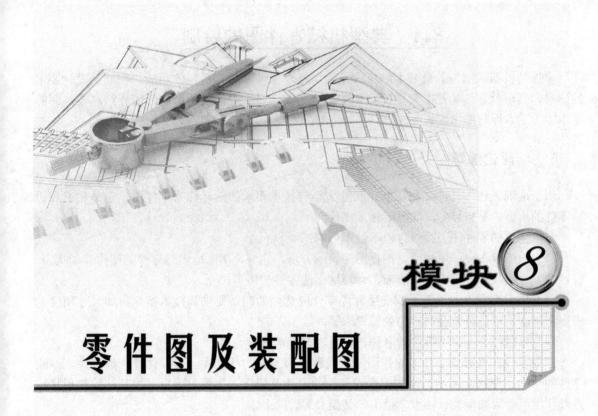

模块 8

零件图及装配图

目标任务

- ➤ 曲柄类零件图的绘制。
- ➤ 轴类零件图的绘制。
- ➤ 盘类零件图的绘制。
- ➤ 叉架类零件图的绘制。
- ➤ 装配图绘制的方法。

8.1 典型机械零件图的绘制

零件是机器或部件的最基本的组成元素,每个零件都具有特定的功能。在满足设计要求的同时,其形状和结构还必然要受到加工工艺和技术要求等因素的影响。培养绘制零件图的基本能力是本课程的主要任务之一。

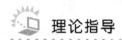
理论指导

用于准确表达零件的结构形状、尺寸大小与技术要求的图样称为零件图。它是制造和检验零件的依据,是指导生产的重要技术文件之一。

一个完整的零件图必须包含以下基本内容:

(1)一组视图——用视图、剖视图等表示方法,完整、清晰地表达零件的结构与形状。

(2)一组尺寸——完整、清晰、合理地标注零件的所有尺寸。

(3)技术要求——用符号或文字标注零件应达到的制造要求和技术指标,如尺寸精度、表面粗糙度、形位公差及材料的处理要求等。

(4)标题栏——说明零件的名称、材料、图号等内容。

根据零件在机器或部件中的作用,可大致分为三类:标准件、传动件、一般零件。一般零件的结构、形状、大小必须按机器或部件的设计及制造工艺要求确定,按其结构和形状特点及作用可分为曲柄类、轴类、盘类、叉架类等。

8.1.1 曲柄类零件图的绘制

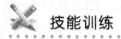
技能训练

实训目的和要求

(1)按尺寸要求绘制如图 8-1 所示的简单零件——曲柄,并标注尺寸。

(2)掌握构造线命令在辅助绘图里的应用。

(3)熟练掌握图案填充命令、旋转命令和移动命令的操作方法。

绘图步骤

(1)双击桌面上快捷图标![icon],启动 AutoCAD 2012。

(2)在新建的图形中,设置绘图单位、图幅大小等内容(略)。

(3)新建图层。新建粗实线层、细点画线层、细实线层、标注线层和辅助线层。

(4)绘制中心线。用"直线"命令绘制主视图的中心线,用"偏移"命令把水平中心线向上偏移 48,垂直中心线向右偏移 48。

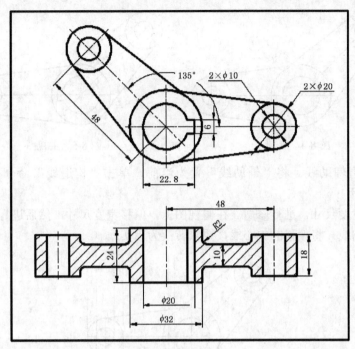

图 8-1 曲柄零件图

（5）绘制轴孔部分：用圆命令分别绘制 $\phi20$、$\phi10$、$\phi32$ 的圆，如图 8-2 所示。

（6）绘制公切线，如图 8-3 所示。

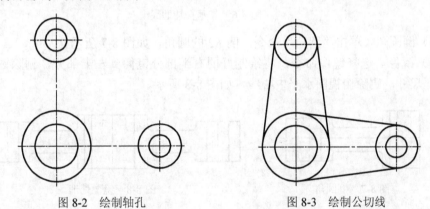

图 8-2 绘制轴孔　　　　　　　　　　图 8-3 绘制公切线

（7）旋转曲柄。单击"旋转"命令，选择对象为垂直的曲柄，选择大圆心为基点，旋转 45°，如图 8-4 所示。

（8）补画垂直中心线。

（9）绘制键槽。将水平中心线向上、向下偏移 3，将垂直中心线向右偏移 12.8，绘制键槽。

（10）修剪多余线条。修剪多余的线条，调整线型比例，满足制图规定要求。

（11）转换图线，完成主视图的绘制，如图 8-5 所示。把绘制键槽的中心线转换为粗实线。

（12）绘制俯视图中心线。在俯视图适当的位置，绘制一条水平的中心线作为俯视图的基准线。

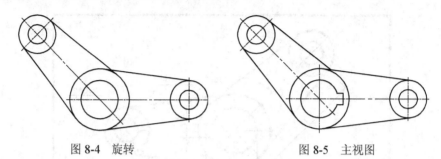

图 8-4　旋转　　　　　　　　　　　图 8-5　主视图

（13）作垂直辅助线。将"辅助线"置为当前，单击"构造线"命令，绘制垂直辅助线，如图 8-6 所示。

（14）偏移宽度尺寸，进行修剪。在俯视图上，偏移宽度尺寸，然后进行修剪处理。

（15）转换图线。将偏移的中心线按要求转换为粗实线。

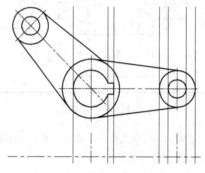

图 8-6　作垂直辅助线

（16）倒圆角。单击"圆角"命令，倒 R2 的圆角，如图 8-7 所示。

（17）镜像。选择镜像命令，将绘制好的右半部分镜像到左半部分，删除键槽的线，补画键槽孔尺寸，删除俯视图水平中心线，如图 8-8 所示。

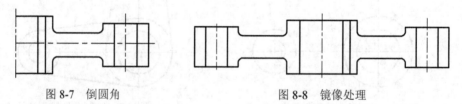

图 8-7　倒圆角　　　　　　　　　图 8-8　镜像处理

（18）图案填充。选择"图案填充"命令，选择金属材料的剖面符号，用拾取点的方法拾取封闭框，进行填充，如图 8-9 所示。

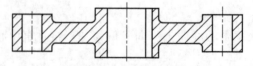

图 8-9　图案填充

（19）标注尺寸。按制图要求，标注尺寸，满足国家机械制图标准。

（20）检查图形，修剪多余线段。

（21）保存图形。

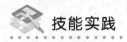
技能实践

按要求绘制图 8-10，并标注尺寸。

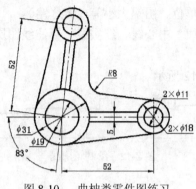

图 8-10　曲柄类零件图练习

8.1.2　轴类零件图的绘制

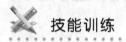
技能训练

实训目的和要求

（1）按要求绘制如图 8-11 所示的轴类零件。

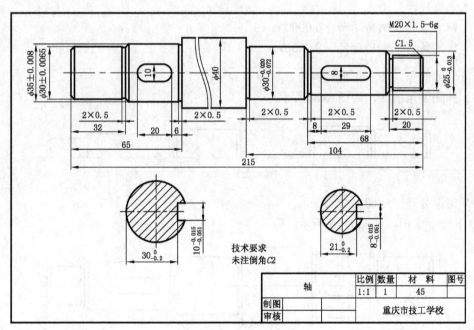

图 8-11　轴类零件的绘制

（2）熟练掌握样条曲线的绘制和倒角命令。

（3）熟练标注尺寸。

绘图步骤

（1）新建图形。设置绘图单位、图幅大小等内容（略）。

（2）新建图层。新建粗实线、中心线、细实线、标注线图层。

（3）绘制中心线。

（4）绘制轮廓线，如图 8-12 所示。

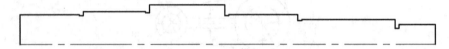

图 8-12　绘制轮廓线

（5）拉长两端中心线。

（6）延伸，如图 8-13 所示。

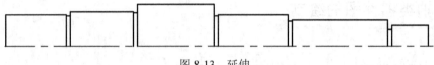

图 8-13　延伸

（7）倒角。执行"倒角"命令。

命令：_chamfer

选择第一条直线或 [多段线(P)/距离(D)/角度(A)/修剪(T)/方式(M)/多个(U)]: D(输入 D 确定距离)

指定第一个倒角距离 <0.0000>:　1

指定第二个倒角距离 <0.0000>:　1

拾取要倒的角。按回车重复倒角，如图 8-14 所示。

（8）补画倒角的线，如图 8-14 所示。

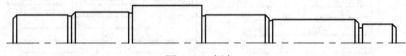

图 8-14　倒角

（9）镜像处理，如图 8-15 所示。

（10）绘制键槽，如图 8-15 所示。

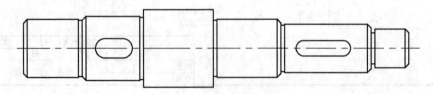

图 8-15　镜像及键槽

（11）用样条曲线绘制断裂部分。将细实线图层置为当前，单击"样条曲线"按钮，在 ϕ40 的轴上任意指定几点，然后单击"偏移"按钮，把所绘制的样条曲线偏移 2mm，然后进行修剪，即绘制出断裂部分，如图 8-16 所示。

（12）绘制螺纹牙底。单击"偏移"命令，把中心线偏移 8.5mm，然后进行修剪，将偏移的线转换为细实线，如图 8-16 所示。

（13）标注尺寸。将标注线层置为当前，设置标注样式，将字高设置为 3.5，其余采用默认设置。

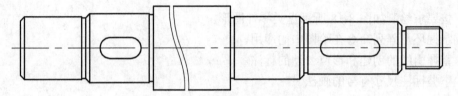

图 8-16　绘制断裂部分及螺纹牙底

注：在标注尺寸时要注意样式的调整，个别不同的样式，可以选择"替代"来标注。

（14）绘制标题栏，注写技术要求。

（15）保存文件。

 技能实践

按要求绘制零件图，如图 8-17 所示。

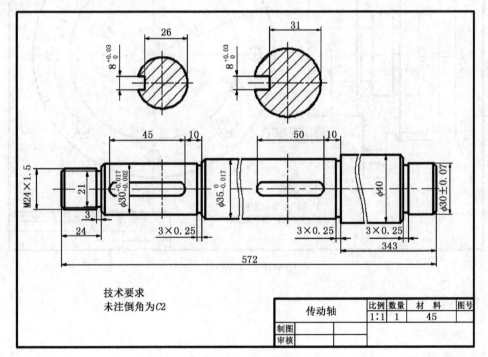

技术要求
未注倒角为C2

传动轴	比例	数量	材　料	图号
	1:1	1	45	
制图				
审核				

图 8-17　传动轴

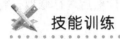

8.1.3 盘类零件图的绘制

技能训练

实训目的和要求

（1）按要求绘制如图 8-18 所示盘类零件图形。

（2）掌握环形阵列命令在绘图中的应用。

（3）掌握引线的创建和形位公差的标注。

（4）掌握标注尺寸符号的画法。

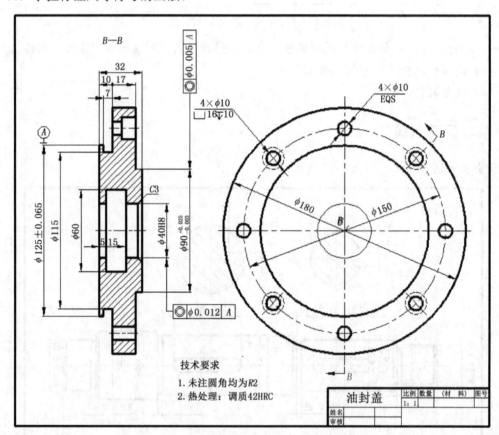

图 8-18 盘类零件

绘图步骤

（1）新建图形。

（2）新建图层。

（3）绘制主视图。在适当的位置绘制主视图，注意调整线型比例，如图 8-19 所示。

（4）绘制左视图。按要求在规定的位置绘制左视图。分别绘制尺寸为 $\phi40$、$\phi125$、$\phi150$、$\phi180$ 的圆。在垂直中心线与圆 $\phi150$ 的交点处绘制直径为 $\phi10$ 的圆，如图 8-20 所示。

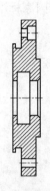

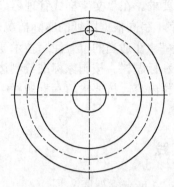

图 8-19　绘制主视图　　　　　图 8-20　绘制左视图

（5）环形阵列。单击"阵列"命令，选择"环形阵列"选项，用中心点 拾取 $\phi180$ 的圆心，在"项目总数"项输入 8。

再用"选择对象" 选择所绘制直径为 $\phi10$ 的圆和垂直中心线，单击"确定"按钮，即可得到如图 8-21 所示图形。

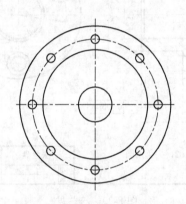

图 8-21　阵列圆

（6）绘制虚线圆。将虚线层置为当前层，分别绘制直径为 $\phi16$ 的 4 个虚线圆。

（7）打断阵列后的中心线。单击"打断"命令，打断中心线，按要求设置。

（8）调整线型比例。按要求调整线型比例，选择中心线，单击右键，在"特性"中进行修改。线型比例一般小于 1，设置满足要求的线型。

（9）标注尺寸。创建不同标注样式，在标注过程中，根据要求来进行标注。对于个别不同样式的标注，可以选择"标注"→"样式"命令，在"标注样式管理"中单击"替代"按钮，可设置替代样式。用替代样式修改尺寸，将不影响前面样式标注的尺寸。使用个别的特殊形式尺寸最后标注。

如果对前面设置的标注样式不满意，可以选择"修改"选项进行重新设置。此时，该标注样式将全部改变。

（10）标注形位公差。单击下拉菜单"标注"，选择"引线"，绘制引线。在"标注样式管理"中设置箭头形式。在"箭头"下拉选项中根据需要设置各种标注形式。

再选择"标注"菜单中的"公差"命令，选择所需项目符号，按要求设置。

（11）注写技术要求。在"文字样式管理器"中，按机械制图国家标准设置文字样式。一般推荐字体为仿宋字，字高根据图纸的实际情况来定。

单击"多行文字"，在适当的位置注写技术要求。

（12）绘制边框和标题栏。按国家标准绘制边框和标题栏。

（13）填写标题栏内容。按要求填写标题栏中的内容。

（14）保存文件。

技能实践

按要求绘制图 8-22 所示零件图。

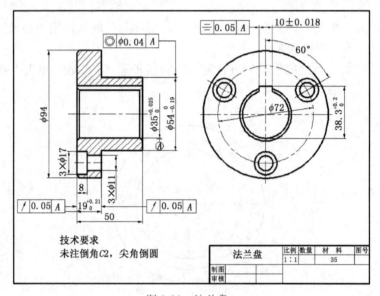

图 8-22　法兰盘

8.1.4　叉架类零件图的绘制

技能训练

实训目的和要求

（1）按要求绘制如图 8-23 所示的叉架类零件图。

（2）熟练掌握图块的创建和插入。

（3）综合应用所学知识，完成零件图绘制。

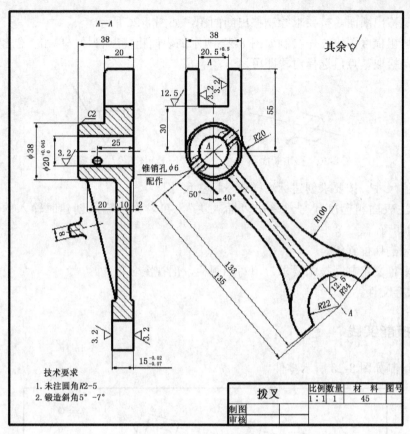

图 8-23　叉架类零件

绘图步骤

（1）新建图层。新建粗实线图层、细实线层、中心线层、标注线层等。

（2）绘制主视图。按要求绘制主视图，如图 8-24 所示。

（3）绘制左视图。按要求绘制左视图，如图 8-25 所示。

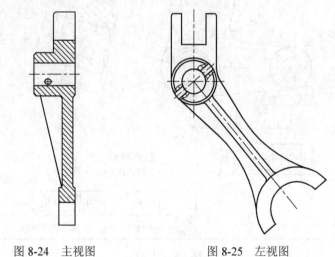

图 8-24　主视图　　　　　图 8-25　左视图

（4）绘制移出断面。按要求绘制移出断面图，如图8-26所示。

（5）创建粗糙度图块。先绘制如图8-27所示的表面粗糙度符号，单击"创建块"图标，输入块名称，拾取基点，选择对象即可。

图 8-26 移出断面图

图 8-27 粗糙度符号

（6）标注尺寸。按要求创建标注样式，标注尺寸。

（7）标注表面粗糙度代号。单击"插入块"，在名称栏输入创建时输入的名称，单击"确定"按钮即可。

（8）绘制剖切位置线。

（9）用多行文字书写技术要求，填写标题栏，剖视图名称。

（10）保存文件。

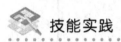 **技能实践**

按要求绘制如图8-28所示零件。

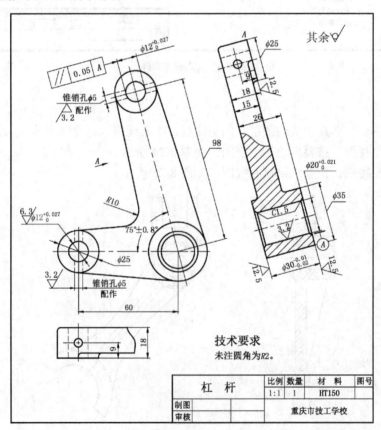

图 8-28 绘制杠杆

8.2　装配图

装配图的绘制过程基本与绘零件图相似，同时又有其自身的特点。

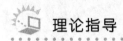 **理论指导**

1. 装配图的一般绘制过程

（1）建立装配图模板。在绘制装配图之前，需要根据图纸幅面的不同，分别建立符合机械制图国家规定的若干机械装配图样模板。模板中既包括图纸幅面、图层、文字样式和尺寸标注样式等基本设置，也包括图框、标题栏和明细栏基础框格等图块定义。这样在绘制装配图时，就可以直接调用建立好的模板进行绘图，从而提高绘图效率。

（2）绘制装配图。

（3）对装配图进行尺寸标注。

（4）编写零、部件序号。用快速引线标注命令绘制序号指引线及注写序号。

（5）绘制并填写标题栏、明细栏及技术要求。

（6）保存图形。

2. 装配图绘制的方法

利用 AutoCAD 绘制装配图可以采用的主要方法有如下几种。

1）直接绘制装配图

对于一些比较简单的装配图，可以直接利用 AutoCAD 的二维绘图及编辑命令，按照手工绘制装配图的绘图步骤将其绘制出来，与零件图的绘制方法一样。在绘制过程中，要充分利用"对象捕捉"及"正交"等绘图辅助工具，以提高绘图的准确性，并通过对象追踪和构造线来保证视图之间的投影关系。

2）零件图块插入法

用零件图块插入法绘制装配图，就是将组成部件或机器的各个零件的图形先创建为图块，然后再按零件间的相对位置关系，将零件图块逐个插入，拼绘成装配图的一种方法。

3）零件图形文件插入法

在 AutoCAD 中，可以将多个图形文件用插入块命令 INSERT，直接插入到同一图形中，插入后的图形文件以块的形式存在于图形中。因此，可以用直接插入零件图文件的方法来拼绘装配图，该方法与零件图块法极为相似，不同的是默认情况下的插入基点为零件图形的坐标原点（0，0），可以利用移动命令进行编辑。

4）利用设计中心拼绘装配图

AutoCAD 设计中心（AutoCAD Design Center，ADC）为用户提供了一个直观、高效和集成化的图形组织和管理的工具，它与 Windows 资源管理器相似。用户利用设计中心，不仅可以方便地浏览、查找、预览和管理 AutoCAD 图形、块、外部参照及光栅图像等不同的资源文件，而且可以通过简单的拖放操作，将位于本地计算机、局域网或互联网上的块、图层

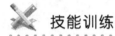

和外部参照等内容插入到当前图形中。

技能训练

实训目的和要求

（1）按要求绘制如图 8-29、图 8-30 所示顶尖装配图及零件图。

（2）进一步熟练掌握 AutoCAD 绘图命令的操作方法。

（3）熟练掌握由零件图拼画组合装配图的方法和技巧。

（4）绘图前，先看懂"顶尖"装配图，了解其工作性能、工作原理及零件之间的装配连接关系。

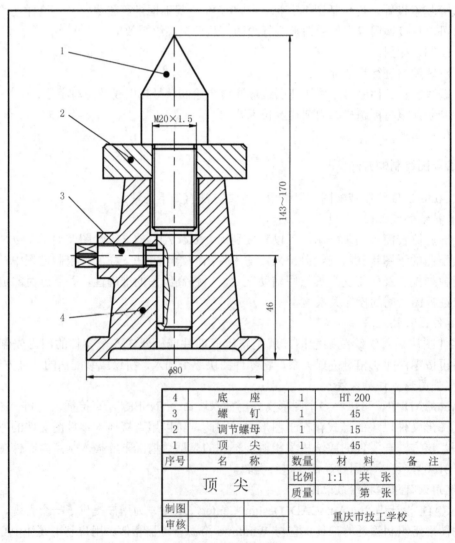

4	底 座	1	HT 200	
3	螺 钉	1	45	
2	调节螺母	1	15	
1	顶 尖	1	45	
序号	名 称	数量	材 料	备 注

| 顶 尖 | 比例 | 1:1 | 共 张 |
| | 质量 | | 第 张 |

| 制图 | | 重庆市技工学校 |
| 审核 | | |

图 8-29　顶尖装配图

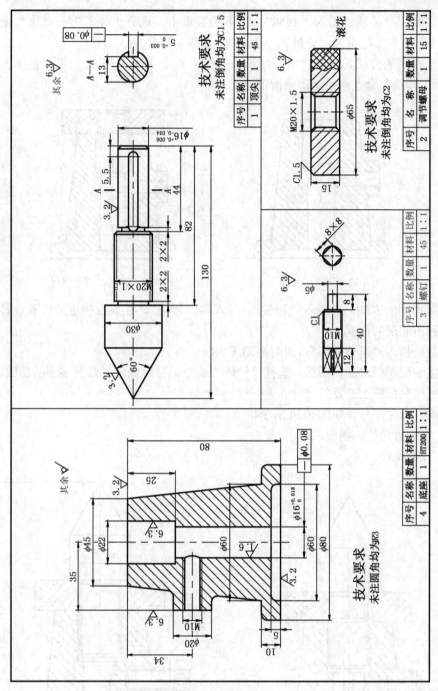

图 8-30　顶尖零件图

绘图步骤

（1）绘制序号为 1、2、3、4 零件图，分别用"顶尖"、"调节螺母"、"螺钉"、"底座"命名保存为单个图形文件，不标注尺寸。

（2）新建一张 A4 图幅，竖装，绘制好边框、标题栏、明细栏。

（3）根据装配关系，插入"底座"。在下拉菜单中，选择"插入"→"块"命令，浏览所绘制的图形，按装配关系，先插入"底座"，如图8-31所示。

（4）用相同的方法，插入"调节螺母"，如图8-32所示。在适当的位置插入"调节螺母"，选择"移动"命令移动图形到指定位置。

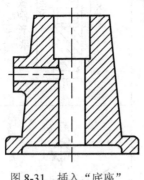

图8-31 插入"底座"

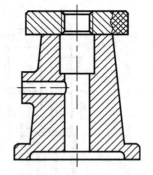

图8-32 插入"调节螺母"

（5）用相同的方法，再插入"顶尖"。插入块"顶尖"，先要按指定的位置旋转，用移动命令移动到所装配的位置。

（6）最后插入"调节螺钉"，如图8-33所示。

（7）按装配图要求编辑图形。选择"分解"命令，分解图块，修剪多余的图线。

（8）标注装配图上必要的尺寸。

（9）编写零件序号，如图8-34所示。

（10）填写标题栏、明细栏。

（11）保存文件。

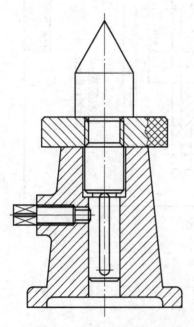

图8-33 插入"调节螺钉"

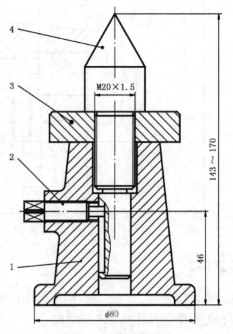

图8-34 编写序列号

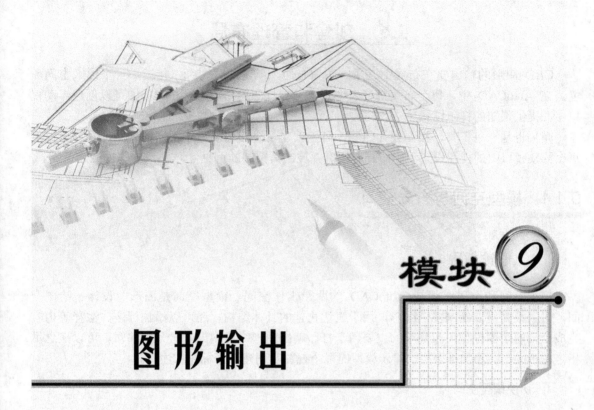

模块 9

图形输出

目标任务
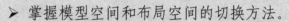

> 掌握模型空间和布局空间的切换方法。
> 掌握布局的创建方法。
> 学习页面设置管理器对话框中各选项的用法。
> 掌握修改和创建页面设置的方法。
> 掌握设置打印参数的各种方法。
> 掌握打印出图的方法。

9.1 创建和管理布局

CAD 图形的输出要在布局中完成。所谓布局，就是一张图纸，相当于一个图纸空间环境。在 AutoCAD 中，每个布局都代表一张单独的打印输出图纸，在布局中可以创建浮动视口，并提供预知的打印设置。

布局也是一种工具，根据设计需要，可以创建多个布局以显示不同的视图，并且可以对每个浮动视口中的视图设置不同的打印比例并控制其图层的可见性。

9.1.1 模型空间与布局空间

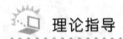

理论指导

模型空间和布局空间是 AutoCAD 的两个工作空间。模型空间是图形的设计、绘图空间，可以根据需要绘制多个图形，用于表达物体的具体结构，还可以添加标注、注释等内容完成全部的绘图操作；布局空间主要用于打印输出图形时对图形的排列和编辑。可以在这里指定图纸大小、添加标题栏、显示模型的多个视图及创建图形标注和注释。

1. 切换模型空间

当绘图区中的"模型"功能处于启用状态时，此时的工作空间是模型空间，如图 9-1 所示。在模型空间中可以建立物体的二维或三维视图，并可以根据需要利用"视图"→"视口"菜单中的子菜单创建多个平铺视口，以表达物体不同方位的视图。

图 9-1　模型空间

2. 切换布局空间

启用状态栏中的"布局"功能按钮即可进入布局空间，如图 9-2 所示。布局空间是系统为规划图纸布局而提供的一种绘图环境，是一个二维环境，主要用于安排在模型空间中所绘制的各种图形和三维对象各个方向的视图。形象地说，布局空间就像是一张图纸，打印之前可以在上面排放各种视图，得到满意的图面布置后再打印图纸，实现了在同一绘图页上有不同视图的输出。

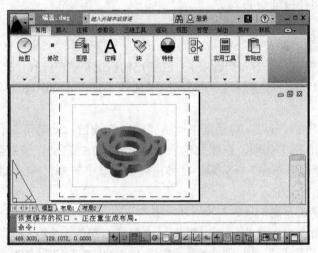

图 9-2　布局空间

此外，在布局空间中，要想使一个视口成为当前视口并对视口中的视图进行编辑修改，可以双击该视口。当需要使布局空间成为当前状态时，双击浮动视口边界外图纸上的任意地方即可。

9.1.2　创建新布局

创建新布局的两种方法。

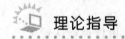

理论指导

在 AutoCAD 界面下边，是"模型"、"布局 1"和"布局 2"按钮，单击三个按钮的任何一个，则弹出"页面设置管理器"对话框，右击则弹出"新建布局"、"来自样板"、"重命名"等与布局操作相关的快捷菜单，如图 9-3 所示。

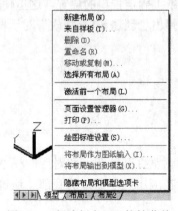

图 9-3　"创建新布局"快捷菜单

技能训练

【例9-1】 使用样板创建布局。

操作步骤如下：

（1）单击菜单栏的"插入"命令，在弹出的下拉菜单中选择"布局"→"来自样板的布局"命令，或者右击绘图窗口左下方布局选项卡，在弹出的快捷菜单中选择"来自样板"命令。

（2）在弹出的"从文件选择样板"对话框中选择"Tutorial-mArch.dwt"样板布局，然后单击"打开"按钮。

（3）在弹出的"插入布局"对话框中单击"确定"按钮，此时可以看到在绘图窗口左下方出现了"ISO A1布局"选项，选择此选项后 AutoCAD 将自动切换到新布局中。此外，单击窗口下方的"快速查看布局"按钮，在弹出的小窗口中选择"ISO A1布局"选项，然后单击也可以切换到此布局中。

【例9-2】 创建新布局。

（1）选择菜单命令"工具"→"向导"→"创建布局"，或者选择菜单命令"插入"→"布局"→"创建布局向导"，或者在命令行中输入 LAYOUTWIZARD 命令，即可打开"创建布局"对话框。

（2）在"创建布局-开始"对话框中，在"输入新布局名称"文本框中输入新创建的布局名称。

（3）单击"下一步"按钮，弹出"创建布局-打印机"对话框，选择安装的打印机型号。

（4）单击"下一步"按钮，弹出"创建布局-图纸尺寸"对话框，将图纸尺寸设置为"A5"，图形单位为"毫米"。

（5）单击"下一步"按钮，弹出"创建布局-方向"对话框，设置图形在图纸上的方向为"纵向"。

（6）单击"下一步"按钮，弹出"创建布局-标题栏"对话框，这里使用默认设置。

（7）单击"下一步"按钮，弹出"创建布局-定义视口"对话框，将"视口比例"设置为"1：10"。

（8）单击"下一步"按钮，弹出"创建布局-拾取位置"对话框，在该对话框中可以通过单击"选择位置"按钮，在图纸上确定视口的位置，这里使用默认设置。

（9）单击"下一步"按钮，弹出"创建布局-完成"对话框，单击"完成"按钮。

9.1.3 管理布局

理论指导

使用快速查看工具可以轻松预览打开的图形和对应的模型与布局空间，可在两种空间任意切换，并且以缩略图形式显示在应用程序窗口的底部。通过应用程序状态栏中的快速查看工具可以执行以下操作。

1．快速查看图形

使用该工具能够将所有当前打开的图形显示为一行快速查看图形图像，并且以两个级别的结构预览所有打开的图形和图像中的布局。

启用状态栏中的"快速查看图形"功能按钮 ，将以图形方式显示所有打开图形，当光标停在快速查看图形图像上时，即可预览打开图形的模型空间与布局，并在其间进行切换。

在默认情况下，当前图形的图像将亮显。如果将光标悬停在图像上，则该图形的所有布局和模型将在该快速查看图形上方显示为一行图像。执行"快速查看图形"操作可进行新建、打开、保存和关闭等设置。

注：利用 Ctrl 键加鼠标滚轮可以动态调整快速查看图像的大小。

2．快速查看布局

使用该工具能够将当前图形的模型空间与布局显示为一行快速查看布局图像，并且在快速查看布局图像上右击查看布局选项。

启用状态栏中的"快速查看布局"功能 ，将以图形方式显示当前图形的模型和所有布局空间，当光标停在快速查看图彤图像上时，即可执行当前空间打印和发布设置，并在期间进行切换，如图 9-4 所示。

此外，右击布局图像将打开快捷菜单。在该菜单中可执行移动、复制和重命名等方面的设置，并可访问"页面设置管理器"对话框以及执行将布局作为图纸输入操作。

注：在执行快速查看图形时，如果图形仍处于打开状态并且未完全加载，则快速查看功能不能正常运行。

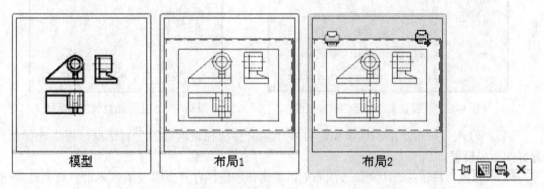

图 9-4 使用"快速查看布局"工具栏快速查看布局

9.2 页面设置

在进行图形的打印里，必须对所打印的页面进行打印样式、打印设备、图纸的大小、图纸的打印方向以及打印比例等参数的指定。

选择菜单栏中的"文件"→"页面设置管理器"命令，或右击状态栏中的"快速查看布局"按钮，然后在弹出的快捷菜单中选择"页面设置管理器"选项，系统弹出"页面设置管理器"对话框，如图9-5所示，可对该布局页面进行修改、新建、输入等操作。

9.2.1 页面设置管理器

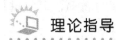
理论指导

页面设置管理器如图9-5所示，能够为当前布局或图纸指定页面设置，也可以创建命名页面设置、修改现有页面设置，或从其他图纸中输入页面设置。

对话框中各选项功能如下。

（1）"页面设置"列表框：列举了当前可以选择的布局。

（2）"置为当前"按钮：单击该按钮，将选中的布局置为当前布局。

（3）"新建"按钮：单击该按钮，打开如图9-6所示的"新建页面设置"对话框，可以从中创建新的页面设置。

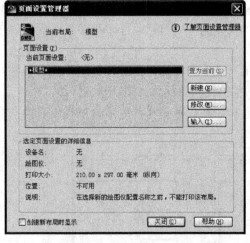

图9-5 "页面设置管理器"对话框图

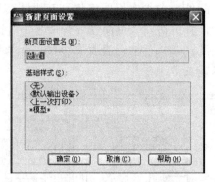

图9-6 "新建页面设置"对话框

（4）"输入"按钮：单击该按钮，打开"从文件选择页面设置"对话框，可以选择已设置好的布局设置。

（5）"修改"按钮：选中要修改的布局，单击该按钮，打开如图9-7所示的"页面设置-模型"对话框。该对话框中主要选项功能如下。

①"打印机/绘图仪"选项组：指定打印机的名称、位置和说明，在"名称"下拉列表中可以选择当前配置的打印机。

②"打印样式表编辑器"下拉列表框：为当前布局指定打印样式和打印样式表。当在该下拉列表框中选择一个打印样式后，单击"编辑"按钮，可以打开"打印样式列表编辑器"对话框，在该对话框中可以查看或修改打印样式。若在下拉列表框中选择"新建"选项，将打开"添加命名打印样式表"向导，使用该向导来创建新的打印样式。另外在"打印样式表"列表框下面的"显示打印样式"复选框用于确定是否在布局中显示打印样式。

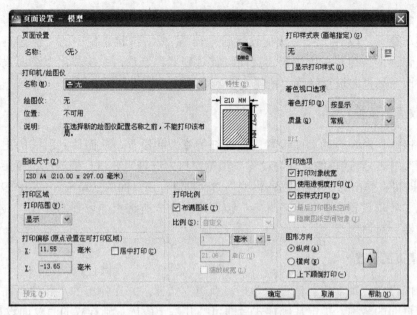

图 9-7 "页面设置-模型"对话框

③"图纸尺寸"下拉列表框：从中选择图纸的尺寸。

④"打印偏移"选项组：显示相对于介质源左下角的打印偏移值的设置。在布局中可打印区域的左下角点由图纸的左下边距决定。如果选中"居中的打印"复选框，则可以自动计算输入的偏移值，以便居中打印。

⑤"打印比例"选项组：设置打印比例。在打印比例下拉列表框中可以选择标准缩放比例，或者输入自定义值。布局空间的默认比例为 1:1，模型空间的默认比例为"按图纸空间缩放"。

⑥"着色视口选项"选项组：指定着色和渲染视口的打印方式，并确定它们的分辨率大小和 DPI 值。

⑦"打印选项"选项组：设置打印选项，如打印线宽、显示打印样式和打印几何图形的次序等。如果选中"打印对象线宽"复选框，可以打印对象和图层的线宽；选中"按样式打印"复选框，可以先打印模型空间几何图形，通常先打印图纸空间几何图形，然后再打印模型空间几何图形；选中"隐藏图纸空间对象"复选框，可以指定消隐操作的效果反映在打印预览中，而不反映在布局中。

⑧"图形方向"选项组：指定图形方向是横向还是纵向。选中"反向打印"复选框，还可以指定图形在图纸页上倒置打印，相当于旋转180°打印。

9.2.2 布局页面设置

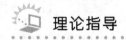 理论指导

在进行图形的打印时，必须对所打印的页面进行打印样式、打印设备、图纸的大小、图

纸的打印方向以及打印比例等参数的指定。

选择菜单命令"文件"→"页面设置管理器",或右击状态栏中的"快速查看布局"按钮,然后在弹出的快捷菜单中选择"页面设置管理器"选项,系统弹出"页面设置管理器"对话框,对该布局页面进行修改、新建、输入等操作,具体介绍如下。

1．修改页面设置

可通过该操作对现有的页面设置进行详细的修改和设置,从而达到所需的出图要求。在"页面设置管理器"对话框的"页面设置"预览窗口中选择需要进行修改的设置后,单击"修改"按钮,即可在弹出的"页面设置-模型"对话框进行该页面的重新设置,如图9-7所示。

在完成了各项设置后,单击"确定"按钮即可完成所选页面设置的修改,并返回至"页面设置管理器"对话框。

2．新建页面设置

在"页面设置管理器"对话框中单击"新建"按钮,并在弹出的"新建页面设置"对话框中输入新页面的名称,指定基础样式后即可打开基于所选基础样式的"页面设量-模型"对话框,如图9-7所示。

3．输入页面设置

新建和保存图形中的页面设置之后,在"页面设置管理器"对话框中单击"输入"按钮,便可利用打开的"从文件选择页面设置"对话框选择页面设置方案的图形文件。设置参数后单击"打开"按钮,并用打开"输入页面设置"对话框进行页面设置方案的选择,最后单击"确定"按钮,即可完成输入页面的设置。

9.3 打印出图

在实际的工作中,创建完成图形对象后都需要将图形打印出来,以便于后期的工艺编排、交流以及审核等。通常在布局空间设置浮动视口,确定图形的最终打印位置,然后通过创建打印样式表进行打印必要设置,决定打印的内容和图像在图纸中的布置,执行"打印预览"命令查看布局无误,即可执行打印图形操作。

9.3.1 打印设置

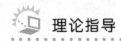 理论指导

1．打印命令激活方法

在"打印-模型"对话框中可以进行打印设置,设置完成后通过打印机和绘图仪输出图形。在AutoCAD 2012中,可以通过以下四种方法打开"打印-模型"对话框。

（1）单击"功能区"选项板中的"输出"选项卡，在"打印"面板上单击"打印"按钮🖶。

（2）单击"菜单浏览器"按钮，在弹出的下拉菜单中选择"文件→"打印"。

（3）在菜单中选择"文件"→"打印"。

（4）在命令行中输入 PLOT 命令并按回车键确认。

使用以上任意一种方法，都将弹出如图 9-8 所示的"打印-模型"对话框，在弹出的对话框中可以根据需要进行参数设置，设置完成后单击"确定"按钮，弹出"打印作业进度"对话框，即可开始打印。

2．指定打印机

在"打印-模型"对话框"打印机/绘图仪"选项组中，可以设置打印设备，在"名称"下拉列表中选择需要的打印设备，如图 9-9 所示。选择当前打印设备后，在"打印机/绘图仪"选项组中将显示被选择的设备名称、使用的端口及其他信息。

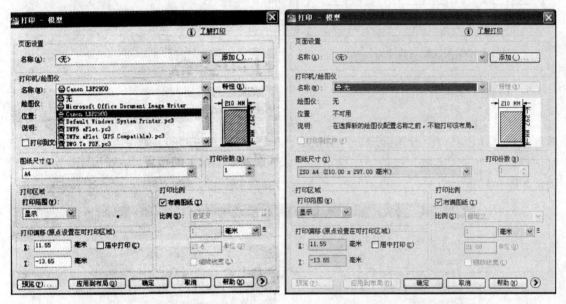

图 9-8 "打印-模型"对话框   图 9-9 指定打印机机型

如果想修改当前打印设备的配置和属性，可以单击"名称"下拉列表右侧的"特性"按钮，在弹出的"绘图仪配置编辑器"对话框中选择"设备和文档设置"选项卡，如图 9-10 所示，根据需要进行参数设置。

3．设置图纸尺寸

在"打印-模型"对话框"图纸尺寸"选项组的下拉列表中，可以选择标准图纸的大小，如图 9-11 所示。

如果在"图纸尺寸"选项组下拉列表中没有所需要的图纸尺寸，可以修改标准图纸尺寸。

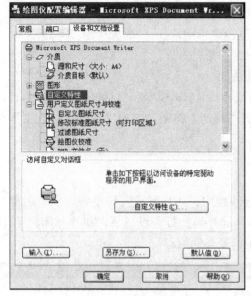

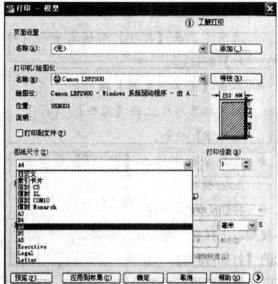

图 9-10 "绘图仪配置编译器"对话框　　　　图 9-11 设置图纸尺寸

4．设置打印区域

选择"功能区"选项板中的"输出"选项卡，在"打印"选项组中单击"页面设置管理器"按钮，弹出"页面设置管理器"对话框。单击"修改"按钮，弹出"页面设置-模型"对话框，在"打印区域"选项组中单击"显示"右侧下拉菜单按钮，选择"图形界限"选项，如图 9-12 所示。

图 9-12 设置打印区域

设置完成后单击"确定"按钮，返回"页面设置管理器"对话框，单击"关闭"按钮完成设置。

在"打印范围"下拉列表中包括"窗口"、"范围"、"图形界限"和"显示"四个选项，各选项的含义如下。

（1）窗口：选择该选项，打印指定窗口内的图形对象。

（2）范围：选择该选项，可以打印整个图形上的所有对象。

（3）图形界限：选择该选项，打印界限范围内的所有图像对象。

（4）显示：选择该选项，可以打印当前显示的图形对象。

5．设置打印比例

选择"功能区"选项板中的"输出"选项卡，在"打印"选项组中单击"页面设置管理器"按钮，弹出"页面设置管理器"对话框。单击"修改"按钮，弹出"页面设置-模型"对话框，在"页面设置-模型"对话框中的"打印比例"选项组中，可以设置图形的打印比例。

系统默认的选项是"布满图纸"，即系统自动调整缩放比例，使所绘制的图形充满图纸。用户还可以在"比例"列表框中选择标准缩放比例值。如果需要自己指定打印比例，可以选择"自定义"选项，在"打印比例"选项组中取消勾选"布满图纸"复选框，单击"比例"右侧下拉菜单按钮，选择"1:1"。此时也可以在自定义对应的两个文本框中设置打印比例。其中，第一个文本框表示图纸尺寸单位；第二个文本框表示图形单位。例如，设置打印比例为"8:1"，即可在第一个文本框内输入 8，在第二个文本框内输入 1，则表示图形中 1个单位在打印输出后变为 8 个单位。

6．设置图形方向

选择"功能区"选项板中的"输出"选项卡，在"打印"选项组中单击"页面设置管理器"按钮，弹出"页面设置管理器"对话框。单击"修改"按钮，弹出"页面设置-模型"对话框，在"页面设置-模型"对话框中的"图形方向"选项组中，可以设置图形方向。这里选择纵向。

在该选项组中可以设置三种图形方向。

（1）纵向：使图形纵向显示。

（2）横向：使图形横向显示。

（3）上下颠倒打印：选择纵向或者横向显示之后勾选"上下颠倒打印"复选框，可以使用纵向或者横向显示的图形颠倒显示。

7．设置打印偏移

选择"功能区"选项板中的"输出"选项卡，在"打印"选项组中单击"页面设置管理器"按钮。弹出"页面设置管理器"对话框。单击"修改"按钮，弹出"页面设置-模型"对话框，在"页面设置-模型"对话框"打印偏移（原点设置在可打印区域）"选项组中，可以设置图形的打印偏移。这里设为"居中打印"。

该选项组中的三个选项含义如下。

（1）居中打印：使图形位于图纸中间位置。

（2）X：图形沿 X 方向相对于图纸左下角的偏移量。

（3）Y：图形沿 Y 方向相对于图纸左下角的偏移量

8. 打印预览效果

完成打印设置后，可以预览打印效果，如果不满意还可以重新设置。

在 AutoCAD 2012 中，当设置好打印机型以后，可以通过以下三种方法预览打印效果。在命令行中输入"PREVIEW"命令并按回车键确认。

（1）单击"菜单浏览器"按钮 ，在弹出的菜单中选择"打印"→"打印预览"命令。

（2）在"页面设置-模型"对话框中单击"预览"按钮。

（3）在"功能区"选项板中单击"输出"选项卡，在"打印"面板上单击"预览Ⅱ按钮"。

使用以上任意一种方法，AutoCAD 2012 都将按照当前的页面设置、绘图设备设置及绘图样式表等，在屏幕上显示出最终要输出的图形。

如果要退出预览状态，可以单击窗口左上角"关闭预览窗口"按钮。也可以按 Esc 键或右击，在弹出的快捷菜单中选择"退出"命令，返回"页面设置-模型"对话框。如果对设置的预览效果满意，单击"确定"按钮，即可开始进行打印输出。

技能训练

【例9-3】 修改标准图纸尺寸。

操作步骤如下：

（1）启动 AutoCAD 2012，按 Ctrl+O 组合键，打开需要打印的文件，单击"菜单浏览器"按钮，在弹出的下拉菜单中选择"打印"→"页面设置"命令，如图9-13所示。

（2）在弹出的"页面设置管理器"对话框中单击"修改"按钮，如图9-14所示。

图9-13 选择"页面设置"命令

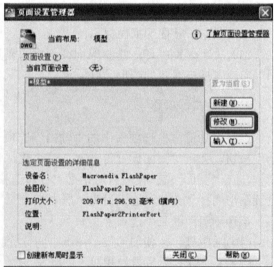

图9-14 "页面设置管理器"对话框

（3）弹出如图 9-15 所示的"页面设置-模型"对话框，单击"名称"下拉列表右侧的"特性"按钮。

（4）弹出"绘图仪配置编辑器"对话框，选择"设备和文档设置"选项卡，在"修改标准图纸尺寸"选项组中选择"自定义"选项，然后单击"修改"按钮，如图 9-16 所示。

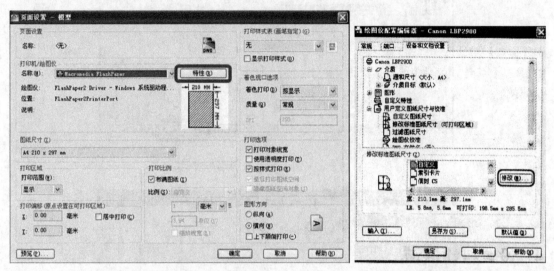

图 9-15 "页面设置-模型"对话框 图 9-16 "绘图仪配置编辑器"对话框

（5）弹出"自定义图纸尺寸-可打印区域"对话框，在该对话框中可以修改非打印区域，并预览当前图纸的可打印区域，如图 9-17 所示。

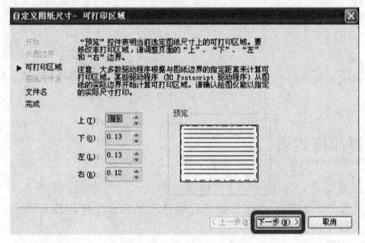

图 9-17 "自定义图纸尺寸-可打印区域"对话框

（6）单击"下一步"按钮，弹出"自定义图纸尺寸-文件名"对话框。在该对话框中可以为新图纸命名，如图 9-18 所示。

（7）单击"下一步"按钮，弹出"自定义图纸尺寸-完成"对话框，如图 9-19 所示，单击"完成"按钮，即可完成自定义图纸尺寸的操作。

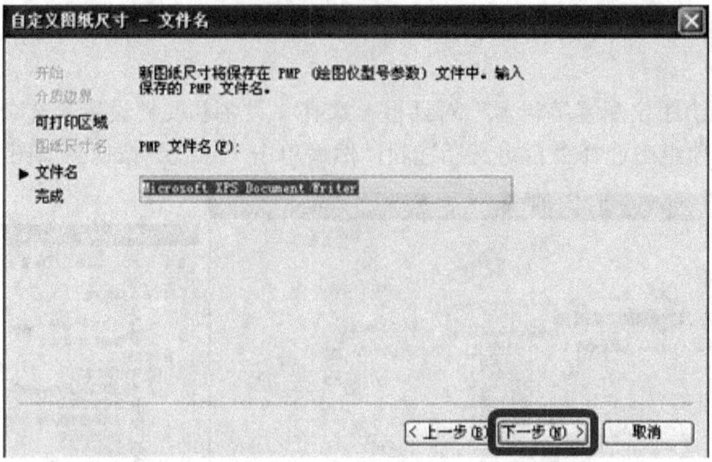

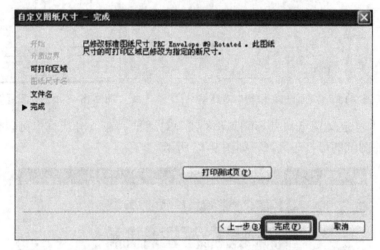

图 9-18 "自定义图纸尺寸-文件名"对话框

图 9-19 "自定义图纸尺寸-完成"对话框

9.3.2 使用打印样式表

打印样式表是通过确定打印特性（如线宽、颜色和填充样式）来控制对象或布局的打印方式的。打印样式表有两种类型：颜色相关打印样式表和命令打印样式表。

 技能训练

【例 9-4】 使用打印样式表。

（1）启动 AutoCAD 2012，按 Ctrl+O 组合键，打开需要打印的文件。

（2）在菜单栏中选择"文件"→"打印样式管理器"命令。

（3）在弹出的对话框中可以看到 AutoCAD 预定义的打印样式表文件，如图 9-20 所示。双击"添加打印样式表向导"选项。

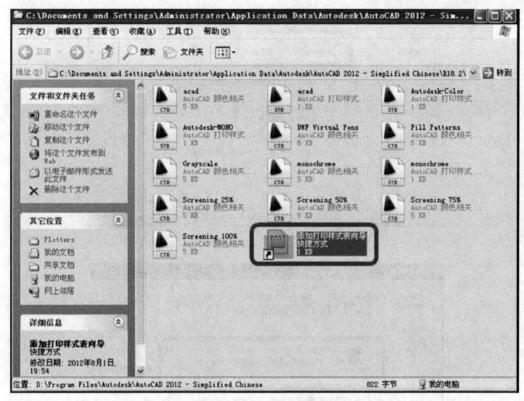

图 9-20　预定义样式列表

（4）在弹出的"添加打印样式表"对话框中单击"下一步"按钮，如图 9-21 所示。

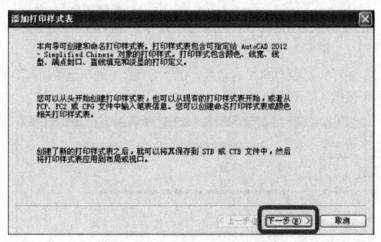

图 9-21　"添加样式列表"对话框

（5）弹出"添加打印样式表-开始"对话框，选择"创建新打印样式表"选项，然后单击"下一步"按钮，如图 9-22 所示。

（6）弹出"添加打印样式表-选择打印样式表"对话框，选择"颜色相关打印样式表"选项，然后单击"下一步"按钮，如图 9-23 所示。

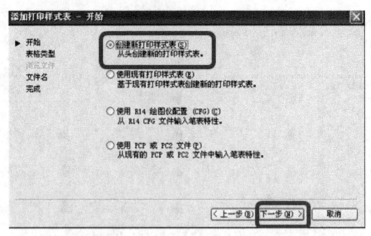

图 9-22 "添加打印样式表-开始"对话框

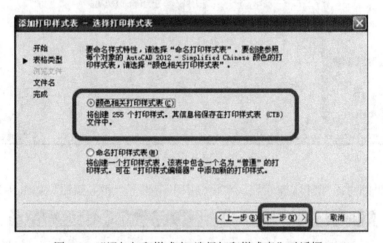

图 9-23 "添加打印样式表-选择打印样式表"对话框

（7）弹出"添加样式表-文件名"对话框，在"文件名"选项组中输入文件名为"a"，然后单击"下一步"按钮，如图 9-24 所示。

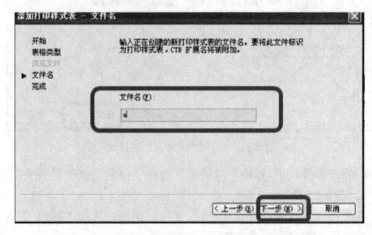

图 9-24 "添加打印样式表-文件名"对话框

（8）弹出"添加样式表-完成"对话框，然后单击"完成"按钮，如图 9-25 所示。

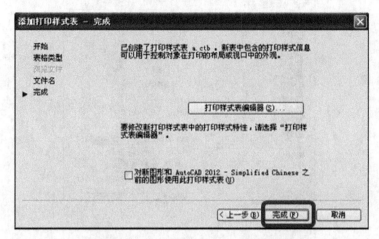

图 9-25 "添加打印样式表-完成"对话框

（9）此时在弹出的对话框中可以看到新创建的"a"样式表，如图 9-26 所示。

图 9-26 创建完成的"a"样式表文件

（10）下面开始编辑打印样式表。例如，将图纸文件里的黄色图形对象打印成为"0.8mm"的黑色，双击要编辑的"a"打印样式表，选择"表格视图"选项卡，在"打印样式"里选"黄色"，在"特性"的"颜色"下拉列表里选"黑"色，在"线宽"下拉列表里选"0.8000毫米"，如图 9-27 所示。

图 9-27 "打印样式表编辑器"对话框

附录 A

CAD/CAM 认证训练

CAD/CAM 职业技能网络化标准水平考试是 CAD 类软件网络考试系统，具有覆盖科目全、题库大、操作简易、异常恢复及数据保全等诸多优势，在国内乃至国际范围内处于技术领先地位。该系统已在全国近千所学校运用，得到院校广泛好评。

本附录中安排了 CAD/CAM 职业技能考试 AutoCAD 模拟题，使同学们可以对所学的知识进行综合检验。

第一部分：简单测距题

参照图 A-1 绘制图形，其中下方三角形为等边三角形，B 点为右侧边线的中点。图中 X=30，Y=20（输入答案时请精确到小数点后三位）。

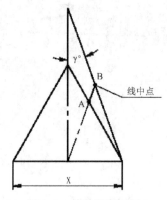

图 A-1　简单测距题图

请问轮廓中点 A，B 之间的距离是＿＿＿＿＿？

第二部分：复杂测距题

参照图 A-2 绘制图形轮廓，注意其中的相切、垂直、水平、竖直等几何关系，其中：

A=60；

B=20。

请问（输入答案时请精确到小数点后三位）：

1．圆弧 X 的半径是＿＿＿＿＿。

2．直线 Y 的长度是＿＿＿＿＿。

3．直线 Z 的长度是＿＿＿＿＿。

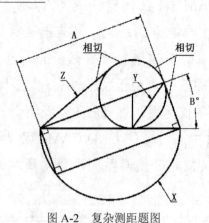

图 A-2　复杂测距题图

第三部分：简单绘图题

参照图 A-3 绘制零件轮廓，注意其中的对称、相切等几何关系，其中：

A=90；
B=50；
C=78；
D=24。

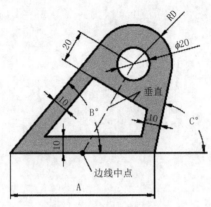

图 A-3 简单绘图题图

1．请问轮廓包围的阴影区域面积是＿＿＿＿＿＿mm²。

2．请将 A 变更为 101，B 变更为 50，C 变更为 80，各线条的几何关系保持不变，请问更改后的图形中阴影区域面积是＿＿＿＿＿＿mm²。

提示：测量图像面积方法有如下两种：

（1）将所画的区域制作成面域，然后选择"工具"→"查询"→"面域/质量特性"。

（2）将所画的区域填充剖面线，然后选择"工具"→"查询"→"面积"。

第四部分：复杂绘图题

请参照图 A-4 绘制图形，注意其中的相切、水平、竖直等几何关系，（输入答案时请精确到小数点后两位），图中：

A = 189；

B = 145；

C = 29；

D = 96。

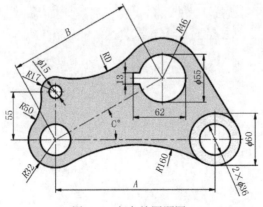

图 A-4 复杂绘图题图

请问图中阴影区域的面积是_____mm^2。

参考答案：

一、简单测距题

4.971

二、复杂测距题

1. 31.925

2. 25.052

3. 42.012

三、简单绘图题

1. 3201.65

2. 3638.95

四、复杂绘图题

1. 17446.37

参考文献

[1] 徐秀娟. AutoCAD 实用教程. 北京：北京理工大学出版社，2010.

[2] 李善锋，姜勇. AutoCAD 2008 中文版机械制图教程. 北京：人民邮电出版社，2010.

[3] 赵国增. 计算机绘图-AutoCAD 2004. 北京：高等教育出版社.

[4] 杨老记，梁海利. AutoCAD 2008 工程制图实用教程. 北京：机械工业出版社.

[5] 余桂英，郭纪林. AutoCAD 2006 中文版实用教程. 大连：大连理工大学出版社.

反侵权盗版声明

电子工业出版社依法对本作品享有专有出版权。任何未经权利人书面许可，复制、销售或通过信息网络传播本作品的行为，歪曲、篡改、剽窃本作品的行为，均违反《中华人民共和国著作权法》，其行为人应承担相应的民事责任和行政责任，构成犯罪的，将被依法追究刑事责任。

为了维护市场秩序，保护权利人的合法权益，我社将依法查处和打击侵权盗版的单位和个人。欢迎社会各界人士积极举报侵权盗版行为，本社将奖励举报有功人员，并保证举报人的信息不被泄露。

举报电话：（010）88254396；（010）88258888
传　　真：（010）88254397
E-mail：　dbqq@phei.com.cn
通信地址：北京市万寿路 173 信箱
　　　　　电子工业出版社总编办公室
邮　　编：100036